1 韦伊（布尔巴基创始成员之一）

2 H. 嘉当（布尔巴基创始成员之一）

3 谢瓦莱（布尔巴基创始成员之一）

4 迪厄多内（布尔巴基创始成员之一）

布尔巴基创始成员聚会

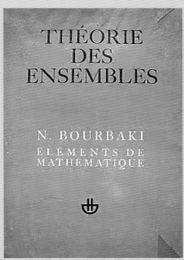

布尔巴基《数学原理》第一卷"集合论"

数学的建筑

◆◆◆—— 数学家思想文库

丛书主编　李文林

[法]布尔巴基 / 著

胡作玄 / 编译

The Architecture
of Mathematics

大连理工大学出版社
Dalian University of Technology Press

图书在版编目(CIP)数据

数学的建筑 /（法）布尔巴基著；胡作玄编译. --
大连：大连理工大学出版社，2023.1
　（数学家思想文库 / 李文林主编）
ISBN 978-7-5685-4009-4

Ⅰ. ①数… Ⅱ. ①布… ②胡… Ⅲ. ①数学－学派－
法国②数学理论－研究 Ⅳ. ①O1-06

中国版本图书馆 CIP 数据核字(2022)第 233953 号

SHUXUE DE JIANZHU

大连理工大学出版社出版

地址：大连市软件园路 80 号　邮政编码：116023
发行：0411-84708842　邮购：0411-84708943　传真：0411-84701466
E-mail:dutp@dutp.cn　URL:https://www.dutp..cn

辽宁新华印务有限公司印刷　　　　　大连理工大学出版社发行

幅面尺寸:147mm×210mm　插页:2　印张:8.5　字数:167 千字
2023 年 1 月第 1 版　　　　　　　　2023 年 1 月第 1 次印刷

责任编辑:王　伟　　　　　　　　　责任校对:李宏艳
封面设计:冀贵收

ISBN 978-7-5685-4009-4　　　　　　　定　价:69.00 元

本书如有印装质量问题,请与我社发行部联系更换。

合辑前言

"数学家思想文库"第一辑出版于 2009 年，2021 年完成第二辑。现在出版社决定将一、二辑合璧精装推出，十位富有代表性的现代数学家汇聚一堂，讲述数学的本质、数学的意义与价值，传授数学创新的方法与精神……大师心得，原汁原味。关于编辑出版"数学家思想文库"的宗旨与意义，笔者在第一、二辑总序"读读大师，走近数学"中已做了详细论说，这里不再复述。

当前，我们的国家正在向第二个百年奋斗目标奋进。在以创新驱动的中华民族伟大复兴中，传播普及科学文化，提高全民科学素质，具有重大战略意义。我们衷心希望，"数学家思想文库"合辑的出版，能够在传播数学文化、弘扬科学精神的现代化事业中继续放射光和热。

合辑除了进行必要的文字修订外，对每集都增配了相关数学家活动的图片，个别集还增加了可读性较强的附录，使严肃的数学文库增添了生动活泼的气息。

　　从第一辑初版到现在的合辑，经历了十余年的光阴。其间有编译者的辛勤付出，有出版社的锲而不舍，更有广大读者的支持斧正。面对着眼前即将面世的十册合辑清样，笔者与编辑共生欣慰与感慨，同时也觉得意犹未尽，我们将继续耕耘！

李文林

2022 年 11 月于北京中关村

读读大师 走近数学

——"数学家思想文库"总序

数学思想是数学家的灵魂

数学思想是数学家的灵魂。试想:离开公理化思想,何谈欧几里得、希尔伯特?没有数形结合思想,笛卡儿焉在?没有数学结构思想,怎论布尔巴基学派?……

数学家的数学思想当然首先体现在他们的创新性数学研究之中,包括他们提出的新概念、新理论、新方法。牛顿、莱布尼茨的微积分思想,高斯、波约、罗巴切夫斯基的非欧几何思想,伽罗瓦"群"的概念,哥德尔不完全性定理与图灵机,纳什均衡理论,等等,汇成了波澜壮阔的数学思想海洋,构成了人类思想史上不可磨灭的篇章。

数学家们的数学观也属于数学思想的范畴,这包括他们对数学的本质、特点、意义和价值的认识,对数学知识来源及其与人类其他知识领域的关系的看法,以及科学方法论方面的见解,等等。当然,在这些问题上,古往今来数学家们的意见是很不相同,有时甚至是对立的。但正是这些不同的声音,合成了理性思维的交响乐。

正如人们通过绘画或乐曲来认识和鉴赏画家或作曲家一样,数学家的数学思想无疑是人们了解数学家和评价数学家的主要依据,也是数学家贡献于人类和人们要向数学家求知的主要内容。在这个意义上我们可以说:

"数学家思,故数学家在。"

数学思想的社会意义

数学思想是不是只有数学家才需要具备呢？当然不是。数学是自然科学、技术科学与人文社会科学的基础,这一点已越来越成为当今社会的共识。数学的这种基础地位,首先是由于它作为科学的语言和工具而在人类几乎一切知识领域获得日益广泛的应用,但更重要的恐怕还在于数学对于人类社会的文化功能,即培养发展人的思维能力,特别是精密思维能力。一个人不管将来从事何种职业,思维能力都可以说是无形的资本,而数学恰恰是锻炼这种思维能力的"体操"。这正是为什么数学会成为每个受教育的人一生中需要学习时间最长的学科之一。这并不是说我们在学校中学习过的每一个具体的数学知识点都会在日后的生活与工作中派上用处,数学对一个人终身发展的影响主要在于思维方式。以欧几里得几何为例,我们在学校里学过的大多数几何定理日后大概很少直接有用甚或基本不用,但欧氏几何严格的演绎思想和推理方法却在造就各行各业的精英人才方面有着毋庸否定的意义。事实上,从牛顿的《自然哲学的数学原理》到爱因斯坦的相对论著作,从法国大革命的《人权宣言》到马克思的《资本论》,乃至现代诺贝尔经济学奖得主们的论著中,我们都不难看到欧几里得的身影。另一方面,数学的定量化思想更是以空前的广度与深度向人类几乎所有的知识领域渗透。数学,从严密的论证到精确的计算,为人类提供了精密思维的典范。

一个戏剧性的例子是在现代计算机设计中扮演关键角色的"程序内存"概念或"程序自动化"思想。我们知道,第一台电子计算机(ENIAC)在制成之初,由于计算速度的提高与人工编制程序的迟缓之间的尖锐矛盾而濒于夭折。在这一关键时刻,恰恰是数学家冯·诺依曼提出的"程序内存"概念拯救了人类这一伟大的技术发明。直到今天,计算机设计的基本原理仍然遵循着冯·诺依曼的主要思想。冯·诺依曼因此被尊为"计算机之父"(虽然现在知道他并不是历史上提出此种想法的唯一数学家)。像"程序内存"这样似乎并非"数学"的概念,却要等待数学家并且是冯·诺依曼这样的大数学家的头脑来创造,这难道不耐人寻味吗?

因此,我们可以说,数学家的数学思想是全社会的财富。数学的传播与普及,除了具体数学知识的传播与普及,更实质性的是数学思想的传播与普及。在科学技术日益数学化的今天,这已越来越成为一种社会需要了。试设想:如果越来越多的公民能够或多或少地运用数学的思维方式来思考和处理问题，那将会是怎样一幅社会进步的前景啊！

<h2 style="text-align:center">读读大师　走近数学</h2>

数学是数与形的艺术，数学家们的创造性思维是鲜活的，既不会墨守成规，也不可能作为被生搬硬套的教条。了解数学家的数学思想当然可以通过不同的途径，而阅读数学家特别是数学大师的原始著述大概是最直接、可靠和富有成效的做法。

数学家们的著述大体有两类。大量的当然是他们论述自己的数学理论与方法的专著。对于致力于真正原创性研究的数学工作者来说，那些数学大师的原创性著作无疑是最生动的教材。拉普拉斯就常常对年轻人说："读读欧拉，读读欧拉，他是我们所有人的老师。"拉普拉斯这里所说的"所有人"，恐怕主要是指专业的数学家和力学家，一般人很难问津。

数学家们另一类著述则面向更为广泛的读者，有的就是直接面向公众的。这些著述包括数学家们数学观的论说与阐释（用哈代的话说就是"关于数学"的论述），也包括对数学知识和他们自己的数学创造的通俗介绍。这类著述与"板起面孔讲数学"的专著不同，具有较大的可读性，易于为公众接受，其中不乏脍炙人口的名篇佳作。有意思的是，一些数学大师往往也是语言大师，如果把写作看作语言的艺术，他们的这些作品正体现了数学与艺术的统一。阅读这些名篇佳作,不啻是一种艺术享受,人们在享受之际认识数学,了解数学,接受数学思想的熏陶,感受数学文化的魅力。这正是我们编译出版这套"数学家思想文库"的目的所在。

"数学家思想文库"选择国外近现代数学史上一些著名数学家论述数学的代表性作品,专人专集,陆续编译,分辑出版,以飨读者。第一辑编译的是 D. 希尔伯特(D. Hilbert,1862—1943)、G. 哈代(G. Hardy,1877—1947)、J. 冯·诺依曼(J. von Neumann,1903—1957)、布尔巴基(Bourbaki,1935—　)、M. F. 阿蒂亚(M. F. Atiyah,1929—2019)等 20 世纪数学大师的文集(其中哈代、布尔巴基与阿蒂亚的文集属再版)。第一辑出版后获得了广大读者的欢迎,多次重印。受此鼓舞,我们续编了"数学家思想文库"第二辑。第二辑选编了F. 克莱因(F. Klein,1849—1925)、H. 外尔(H. Weyl,1885—1955)、A. N. 柯尔莫戈洛夫(A. N. Kolmogorov,1903—1987)、华罗庚(1910—1985)、陈省身(1911—2004)等数学巨匠的著述。这些文集中的作品大都短小精练,魅力四射,充满科学的真知灼见,在国内外流传颇广。相对而言,这些作品可以说是数学思想海洋中的珍奇贝壳、数学百花园中的美丽花束。

我们并不奢望这样一些"贝壳"和"花束"能够扭转功利的时潮,但我们相信爱因斯坦在纪念牛顿时所说的话:

"理解力的产品要比喧嚷纷扰的世代经久,它能经历好多个世纪而继续发出光和热。"

我们衷心希望本套丛书所选编的数学大师们"理解力的产品"能够在传播数学思想、弘扬科学文化的现代化事业中放射光和热。

读读大师,走近数学,所有的人都会开卷受益。

李文林

(中科院数学与系统科学研究院研究员)

2021 年 7 月于北京中关村

译者序

《数学的建筑》集中介绍了 20 世纪最有影响的数学家集体之一——布尔巴基学派。布尔巴基集体产生于 20 世纪 30 年代，由法国一些年轻的数学家组成。主要奠基人有 A. 韦伊（A. Weil，1906—1998）、J. 迪厄多内（J. Dieudonne，1906—1992）、H. 嘉当（H. Cartan，1904—2008）、C. 薛华荔（C. Chevally，1909—1984）等。这些人后来都成为法国科学院院士，属当代极有影响的世界著名数学家。

这个学派以布尔巴基名义发表的著作，主要是多卷本的《数学原理》（现已出版 41 分册），而以布尔巴基名义发表的论文，只有"数学的建筑"和"数学研究者的数学基础"能集中反映该学派对数学的基本观点。这些著作和论文，成为我们研究布尔巴基学派的主要原始文献。布尔巴基的奠基人的思想虽然彼此之间也有不少分歧，但在一些基本观点上大同小异。因此，作为布尔巴基原著的补充，本书收入韦伊和迪厄多内对数学历史、现状和未来的精辟见解的论文（4 篇）。时至今日，布尔巴基的思想与活动仍有一些神秘，局外人的介绍往往难得准确。因此,收入几篇布尔巴基奠基者介绍布尔巴基的论文。其中,"布尔巴基与当代数学"是 H.嘉当于1958 年 1 月在德国的演讲(1980 年发表),属于系统介绍布尔巴基学派的第一篇文章;"布尔巴基的事业"和"近三十年来布尔巴基的工作"是迪厄多内于 1968 年 10 月在罗马尼亚和1982 年 10 月在美国所做的学术讲演(分别发表于 1970 年和1983 年),它们在内容上虽然有些重复,但是介绍的角度不同,因而有助于我们更好地认识与了解布尔巴基学派在数学史上的地位和作用。

本书共收入 10 篇译文,分成三个部分:布尔巴基原著,包括"数学的建筑""数学研究者的数学基础";布尔巴基论数学,包括"数学的未来"(韦伊),"数学史:Why and How"(韦伊),"数学家与数学发展"(迪厄多内),"纯粹数学的当前趋势"(迪厄多内);布尔巴基论布尔巴基,包括"布尔巴基与当代数学"(H.嘉当),"布尔巴基的事业"(迪厄多内),"近三十年来布尔巴基的工作"(迪厄多内),"布尔巴基的数学哲学"(迪厄多内)。

作为本书的编者和文章的译者,我对布尔巴基福音的传播者——已故的迪厄多内教授表示深切的敬意与怀念,同时感谢他寄给我的资料。

感谢沈永欢、关肇直两位先生校对本书的部分译文。感谢大连理工大学出版社学术分社的多位编辑,他们为本书的再版提供了机会。希望通过我们的共同努力能够使读者从中受益。

第一部较系统地介绍布尔巴基活动的法文著作《布尔巴基:数学家的秘密社团》于 2003 年出版,英译本由美国数学会于 2006 年出版,中译本于 2012 年由湖南科技出版社出版。

为了便于读者进一步学习和研究布尔巴基,特编辑了布尔巴基的原著《数学原理》的分册目录及布尔巴基讨论班 1 000 多篇报告的刊出书刊附于书末,仅供参考。

胡作玄

2021 年 6 月

目　录

布尔巴基论布尔巴基

导　言

多头的数学家——布尔巴基

从 19 世纪末到 20 世纪初,数学经历了一个激烈变革的时期:一方面是新学科、新领域层出不穷,数学出现丰富多彩的局面;另一方面是对统一性、严密性的追求。现代数学大部分分支都来源于这个时期。

前布尔巴基时期

18 世纪末,数学的二级学科主要是几何以及分析和代数(包括算术及数论),整个 19 世纪是几何学的黄金时代,多种多样的几何新学科产生出来,如射影几何、非欧几何、高维几何、微分几何、黎曼几何、位置分析(后来的组合拓扑学)等,但它们仍然来源于经典数学学科,同时分析领域也蓬勃发展起来。到 19 世纪末,仍然是几何、代数和分析三大领域,这就是布尔巴基成员的老师们所教授给他们的主要内容,其中的重点是数学分析。这种传统的教学内容可追溯到 A. L. 柯西(A. L. Cauchy,1789—1857)所处的时代。而到 19 世纪末 20 世纪初,三部著名的分析教程是 19 世纪分析的标准著作,也是学习数学(不仅是分析,也包含代数和几何内容)的主要参考书。一部是 C. 若尔当(C. Jordan,1838—1922)的《分析教程》(*Cours d'Analyse*,1882—1887),一部是 E. 皮卡(E. Picard,1856—1941)的《分析数学专论》(*Traité d'analyse*,3 卷,1891—1896),一部是 E. 古尔萨(E. Goursat,1858—1936)的《数学分析教程》(*Cours d'Analyse Mathématique*,3 卷,1902—1917),而正是古尔萨的教程启动了布尔巴基的活动。

在两个世纪之交,法国数学发展逐步集中于函数论的方向上。E. 保莱尔(E. Borel,1871—1956)、R. 拜尔(R. Baire,1874—1932)、H. 勒贝格(H. Lebesgue,1875—1941)的确从 G. 康托尔(G. Cantor,1845—1918)的点集论出发,建立了新的测度积分和实函数理论,它们成为现代数学的基础,但大部分法国数学家在伟大的全才数学家 H. 庞加莱(H. Poincaré,1854—1912)去世之后,主要集中于单复变函数论,这也恰恰是大多数布尔巴基成员在 20 世纪 20 年代受教育时主要的研究方向。而第一次世界大战又夺去许多法国年轻人的生命,法国的数学出现了一代人的断层。

在两次大战之间,布尔巴基成员大都有机会到国外去,这大大开阔了他们的眼界,这也是法国人第一次看到他们的传统的头号数学大国的地位即使没有完全过去,至少也岌岌可危了。也就在这二三十年中,外界的数学早已换了人间。

一是一批新的数学学科的出现。先是萌芽于 19 世纪的四大领域：肇源于 C. F. 高斯（C. F. Gauss，1777—1855）和 P. 狄利克雷（P. Dirichlet，1805—1859）的代数数论，主要由德国学派和意大利学派发展的代数几何，由高斯和 B. 黎曼（B. Riemann，1826—1866）开创的微分流形的几何理论，以及由 S. 李（S. Lie，1842—1899）一手创立的李群理论，它们都为数学提供了与过去完全不同的新的人工对象，而且到现在也是活跃发展的前沿领域。而在这个过程中，布尔巴基成员都做出了决定性的贡献。

其次是集合论、数学基础与数理逻辑。前者主要是奠基于 G. 康托尔的工作，后者主要来源于英国人、德国人、意大利人的工作。这时集合论逐步成为统一数学的基础，特别是测度和积分理论、实函数论、拓扑空间理论以及泛函分析，它们在 20 世纪最初十多年间已经形成。而拓扑空间理论主要集大成者是德国数学家 F. 豪斯道夫（F. Hausdorff，1868—1942），他的《集论大纲》（*Grundzüge der Mengenlehre*，1914）是一般拓扑学的经典著作；泛函分析特别是拓扑向量空间的基础则来自 D. 希尔伯特（D. Hilbert，1862—1943）的积分方程的研究，以及稍后波兰学派的工作。所有这些也是布尔巴基统一数学的基础的主要部分。另一部分也是在这时产生的，它们包含群论、域论、环与代数理论、格论等，它们构成所谓抽象代数这一领域。

数学本身也在这时期有相应的扩张。首先是多复变函数论,其次是拓扑群上的调和分析。20世纪20年代,随量子力学诞生相伴发展了算子理论及稍后的算子代数理论,尤其重要的是组合拓扑学以及微分流形的拓扑学。在这些多学科的交叉领域,布尔巴基成员也做出了自己的贡献。

二是法国数学早已不再是唯我独尊了,大部分新数学都来自德国以及其他国家,而更可悲的是,法国数学家对这些新领域几乎一无所知。例如:

德国:代数数论、抽象代数、积分方程、算子理论、拓扑学;

意大利:泛函分析、微分几何、代数几何;

俄国:一般拓扑学、实函数论;

波兰:一般拓扑学、泛函分析;

美国:组合拓扑学、代数几何。

面对这种局面,新生的法国一代开始觉醒,而他们的首要任务是向其他国家首先是德国的数学学习,加以消化,然后进行独创,形成自己的风格和学派。布尔巴基的成员正是在这种认识的基础上走到了一起。正如我国数学家吴文俊教授指出的:布尔巴基是一种民族数学复兴运动。

布尔巴基的兴起

布尔巴基这个名称是 1935 年夏天正式确定的, 它的核心人物是韦伊、迪厄多内、H. 嘉当和薛华荔, 主要的组织者还有 J. 德尔萨特(J. Delsarte, 1903—1968)。原籍波兰的 S. 孟德尔布洛依(S. Mandelbrojt, 1899—1983)也是创始成员之一, 他于 1939 年离开了。法国大数学家 J. 勒雷(J. Leray, 1906—1998)也是创始人, 但不久即退出, 接替他的是 C. 埃雷斯曼(C. Ehresmann, 1905—1979)。应该说, 他们是布尔巴基的主要成员。

创立布尔巴基的成员大致有相同的经历, 他们大都是高等师范学校毕业生, 毕业后有去国外游学的经历, 以及回国后在外省大学任职。

在高等师范学校读书三年的历届毕业生如下:

1922—1925　韦伊, 德尔萨特

1923—1926　H. 嘉当

1924—1927　迪厄多内, 埃雷斯曼, M. 布雷洛(M. Brelot, 1903—1986)

1926—1929　薛华荔

1924 年, 美国洛克菲勒基金会支持国际教育计划, 使许多法国人有机会到国外游学。韦伊曾到意大利、德国、瑞典、瑞士、英国等地,迪厄多内去美国,薛华荔去德国,H. 嘉当主要同德国明斯特学派关系密切。

到 20 世纪 30 年代,他们大都在外省任职:韦伊和 H. 嘉当在斯特拉斯堡任教,德尔萨特和迪厄多内在南锡大学任教。不过,他们经常来巴黎,因为巴黎毕竟还是法国的中心,也是数学的中心。在巴黎有许多数学权威,但支持他们事业的主要来自 J. 阿达玛(J. Hadamard,1865—1963)。实际上,早在 1923 年,阿达玛就开始建立文献讨论班,它不局限于某一学科,而涉及全部数学,通过每个人的报告来了解世界数学的发展动向,这实际上是后来布尔巴基讨论班的原型。

到了 1933—1934 年,布尔巴基的奠基者们组织了自己的讨论班,作为大家定期聚会的所在,并请 G. 儒利雅(G. Julia,1893—1978)作为他们的保护人,因此讨论班以儒利雅讨论班命名。这时,每年度讨论班有一个重点,大家开始围绕当时最重要的题目比较深入地研究,从中还得出一些新成果。这个讨论班一直持续到 1939 年夏第二次世界大战爆发之前。各年度的主题为:

1933—1934　群和代数的代数和算术理论

1934—1935　希尔伯特空间及其应用

1935—1936 拓扑学

1936—1937 E.嘉当的工作

1937—1938 代数函数论

到了 20 世纪 30 年代，这些青年数学家大都已经各自得出了出色的结果，但是，他们仍然是一些无名小辈。他们先后在法国的大学里找到了教书的职位，并保持经常的接触及交往，定期到这个城市或那个城市会面，形成了法国数学的"东部集团"。开始他们对于老的教本、当时通用的古尔萨的《分析教程》很不满意。这本书已经出版 30 多年了，内容非常陈旧，他们在教学过程中发现了一系列问题，比如说应该如何讲授斯托克斯(Stokes)定理。开始，只是德尔萨特同韦伊在一起研究，后来大家逐渐都产生了一种组织起来改革教学的愿望。

第一次大会在离克勒蒙费朗不远的贝塞昂商德塞召开，时间是 1935 年 7 月，这可以看成是布尔巴基集体正式成立的日期。

第二次大会在 1936 年夏天召开，地点是薛华荔母亲提供的在商德塞的别墅。第三次大会于 1937 年 9 月也是在这里开的。在这两次会议上，布尔巴基的工作方法逐步确定下来，一人起草，集体讨论，反反复复，直到一致通过。这个过程在布尔巴基的奠基者论布尔巴基的文章中都有生动的论述。

第四次大会于 1938 年 9 月在丢来菲特召开，H. 嘉当的父亲、大数学家 E. 嘉当（E. Cartan，1869—1951）也参加了，参加的新人还有 C. 皮索（C. Pisot，1909—1984）和 C. 沙包迪（C. Chabauty，1910—1990）。不过当时正在开臭名昭著的慕尼黑会议，对国际局势的关注和不安使他们无心讨论数学。韦伊说，这是一次完全没有任何实际工作的布尔巴基大会，实际上这也是第二次世界大战前的最后一次大会。

就这样，经过几年的含辛茹苦，他们只完成了《数学原理》第一部分"分析的基本结构"的第一卷"集合论"中的一个分册——"结果"。这本还不到 50 页的小册子在 1939 年问世。

布尔巴基战前完成的书稿在 1939 年首次出版（《集合论总结》），又于 1940 年出版《一般拓扑学》的第一、二章（拓扑结构），1942 年出版第三、四章及《代数学》的第一章（代数结构）。这四本书已经反映出布尔巴基精神，而且是《数学原理》的基础，它们与其他著作完全不同。不过这时正值大战，这些书并没有引起足够的注意。

1939 年 9 月第二次世界大战爆发之后，薛华荔在美国无法返法，1941 年韦伊也逃到美国。1940 年 6 月，由于希特勒的德国军队长驱直入,法国的一些大学跟着政府纷纷南迁。这时,布尔巴基许多成员的所在地斯特拉斯堡也落入了德国人的手中。于是,有很多布尔巴基成员先后跑到法国中部的克勒蒙费朗去避难,他们是:迪厄多内、H. 嘉当、韦伊、德尔萨特、埃雷斯曼、R. 德·波塞尔(R. de Possel,1905—1974)、孟德尔布洛依、A. 李希涅诺维奇(A. Lichnerowicz,1915—1998)、L. 施瓦尔兹(L. Schwartz,1915—2002)等人,简直可以说是一次布尔巴基的大集中。他们在这里仍然继续布尔巴基的事业,并同大西洋彼岸的成员通过一定的渠道有着联系。在十分艰苦的条件下,布尔巴基的成员在这个时期都做了重要的工作。

1945 年第二次世界大战结束之后,这些年届不惑的布尔巴基学员又开始重新聚首。1945 年夏天韦伊回到巴黎,当即召开临时大会,其后每年就继续常规地召开大会。布尔巴基的著作《数学原理》加速出版,从 1947 年到 1959 年又出了 21 个分册,连同以前出版的 4 个分册,共 25 个分册,基本上把"分析的基本结构"这部分出齐了。

布尔巴基的《数学原理》产生了巨大的影响,他们的思想及写作风格成为青年人仿效的对象,很快地"布尔巴基的"便成了一个专门的形容词。战后不到 10 年,布尔巴基的名字就风靡了欧美数学界。

到 20 世纪 50 年代中期,布尔巴基的奠基者们相继"退休",实际上这是布尔巴基的一个规定,而新鲜血液又不断补充进来。

在这期间,施瓦尔兹、J. L. 科斯居尔(J. L. Koszul,1921—2018)、R. 戈德曼(R. Godement,1921—2016)、P. 萨姆埃尔(P. Samuel,1921—2009)、F. 布吕埃(F. Bruhat,1929—2007)也先后成为布尔巴基成员,他们是第二代,其中 J. P. 塞尔(J. P. Serre,1926 年出生)是最为出色的,他可能是唯一一个没有通过考验而直接被接纳为正式成员的。大数学家 R. 托姆(R. Thom,1923—2002)和 A. 格罗登迪克(A. Grothendieck,1928—2014)也曾是布尔巴基的第三代成员。

第二次世界大战后的 10 年间,是布尔巴基的全盛时期,也是他们开始发挥巨大影响的时期。布尔巴基的奠基者们还没有退出,他们为布尔巴基绘出一个确定的形象。这时以布尔巴基命名的三大项工作全面展开。

一是以布尔巴基名义发表的论文,除了一些小论文之外,最重要的两篇《数学的建筑》和《数学研究者的数学基础》分别在 1948 年和 1949 年发表,它们实际上是布尔巴基学派的纲领和宣言,是布尔巴基学派的原始文献。同时布尔巴基的主要成员也陆续发表他们对数学、数学史和数学发展的看法。

　　二是布尔巴基的主要著作《数学原理》在其主体部分"分析的基本结构"中,把大部分数学建立在 6 个基础部分之上。实际上从 20 世纪 50 年代到 80 年代,布尔巴基的《数学原理》的各个分册,已经成为数学原始论文的主要引用标准著作,这恰巧反映了布尔巴基为整个数学奠基的成就。

　　三是布尔巴基讨论班的建立。布尔巴基讨论班可以说是阿达玛数学文献讨论班的继续和发展。讨论班的报告反映当前数学的重大进展,并非只是简单地介绍,而是经过报告者的消化、吸收甚至再创造,对于掌握当前数学动向至关重要。最早的报告包括 H. 嘉当对科斯居尔工作的报告和韦伊关于 θ 函数基本定理的报告,它们对后来的数学发展都有重大意义。一开始讨论班的报告打印散发,到 20 世纪 60 年代中期,布尔巴基讨论班从 1948—1949 年度到 1967—1968 年度的 346 个报告(No. 1～No. 346)经过编辑修订,后由美国 W. A. Benjamin,Inc. 出版,共 15 卷。1968—1969 年度到 1980—1981 年度的报告由 Springer 出版社出版,其后的报告在法国专业数学杂志《星》(Astérisque)上出版。近半个世纪的布尔巴基讨论班的报告,实际上是第二次世界大战后数学发展的缩影,是一份难得的文献。当然,它反映布尔巴基学派对数学发展的历史与现状的看法,比较集中于主流的学科,侧重于数学的统一性。

在布尔巴基讨论班创设前后,布尔巴基成员还组织了一些专题讨论班,它们可以说是儒利雅讨论班的继续。这些讨论班是布尔巴基讨论班的重要补充,在传播现代主流数学方面起着举足轻重的作用。其中最主要的是 H. 嘉当讨论班:由 1948—1949 年度(主题是代数拓扑学)到 1963—1964 年度(主题是指标定理),其中报告的重点是拓扑学及多复变函数论。这些报告完全改变了这两个领域的面貌和它们在数学中的地位,影响了整整一代数学家,不仅法国数学,而且欧洲及北美的数学家都从中受益,同时也从另一方面推动了布尔巴基精神的散播。

另外一个是以薛华荔为首的李群和代数群的讨论班,时间只有两年,由 1956—1957 年度到 1957—1958 年度,但对群论的未来发展起了很大作用。到了 20 世纪 60 年代,施瓦尔兹的分析讨论班时间持续最久,后来的数论、分析、概率论等讨论班,均有布尔巴基成员的参与。可以说,起源于德国的这种讨论班的形式在法国已是遍地生根了。

布尔巴基的衰落

布尔巴基的《数学原理》到 20 世纪 50 年代末已经出了20 多个分册,其体系的主要部分基本具备。在这个时候,它的名声可以说如日中天。由于以布尔巴基名义发表的论文和《数学原理》,加上布尔巴基的奠基者们和第二代成员个人的贡献以及他们在数学界的影响,他们的确把现代数学提高到了一个新的境界。以代数拓扑学、同调代数、微分拓扑学、微分几何学、多复变函数论、代数几何学、代数数论、李群和代数群理论、泛函分析等领域汇合在一起,汇成现代数学的主流,法国数学家在国际数学界的领袖地位也得到大家的公认。这由他们接连荣获国际数学大奖可见一斑。布尔巴基成员在学术界的地位也由原先的"反对派"变成跻身于权威机构的成员。他们陆续成为科学院院士、大学校长、理学院院长,在科学界、教育界发挥重大影响。当然,也有一些布尔巴基成员如薛华荔等对此表示不满,可是,他们对这种学术界的权威机器也无可奈何。

1970 年左右,布尔巴基大体上走向自己的反面而趋于衰微。这时,布尔巴基的奠基者们和第二代成员相继退出,年轻一代的影响不能和老一代同日而语。数学本身也发生了巨大变化,布尔巴基比较忽视的分析数学、概率论、应用数学、计算数学,特别是理论物理、动力系统理论等开始蓬勃发展,而 20 世纪五六十年代的重点——代数拓扑学、微分拓扑学、多复变函数论等相对平稳,数学家的兴趣更集中于经典的、具体的问题,而对于大的理论体系建设并不热衷;数学研究更加趋于专业化、技术化。20 世纪 70 年代到 80 年代中期的数学显示出多样化的局面,明显的表现是在近年很少有新兴学科的兴起,也无法与布尔巴基成立的时期相提并论。虽然，到了20世纪80年代中期，一种新的数学大统一的趋势又在形成，不过，这已经是在布尔巴基统一基础上更高级的统一。另一方面，许多持经典的观点的数学家根本就否定这种统一，也有相当多的人只热衷于具体的、极专门甚至琐碎的问题，很难把它们融入主流数学当中。实际上，第三代、第四代的布尔巴基成员也大都是某个领域的专家。从20世纪70年代起，布尔巴基讨论班的报告也反映出这种专门化和技术化的趋向。在这种情况下，20世纪70年代以来，在论文中引用布尔巴基《数学原理》的人越来越少了。

布尔巴基在教育上的失败也是影响它衰落的原因之一。由于布尔巴基的影响，在20世纪50年代到60年代出现了所谓的"新教育"运动，把抽象数学，特别是抽象代数的内容引入中学甚至小学的教科书当中。这种突然的变革不但使学生无法接受新教材，就连教员都无法理解，造成了整个数学教育的混乱。这是布尔巴基在教育方面的大失败。在高等数学教育方面，就连布尔巴基的奠基者们后来编的教科书也破除了布尔巴基的形式体系而采用比较自然、具体、循序渐进的体系。从某种意义上来讲，这是一种否定之否定，是向老传统的回归。

这时，布尔巴基著作的出版也出现问题。在布尔巴基建立之初，出版业都掌握在学术权威的手中，离经叛道的著作很难有出版的机会。这时韦伊正好有一位墨西哥的朋友

E. 弗莱曼（E. Freymann），他娶了著名出版商厄尔曼（Hermann）的孙女，因此，他继承了这个事业，从 1929 年开始发行《当代科学与工业》丛书，并把布尔巴基的《数学原理》以分册形式纳入其中。顺便说一句，后来 N. 维纳（N. Wiener，1894—1964）的《控制论》也是他首先答应出版的。的确，只有这些有眼光的出版家才真正能创造出辉煌的业绩。可是他的接班人同布尔巴基产生了矛盾，在 1975 年出版《数学原理》第 38 分册以后，布尔巴基的著作出版戛然而止。到 20 世纪 80 年代，出版转移到马松（Masson）出版社，1980—1983 年出版了 3 个新的分册，而对以前出版过的《数学原理》加以重印或再版。近几年，连再版也很少见。虽然我们还不能说《数学原理》的出版就此告一段落，不过，它的影响逐渐减弱的确是一个不争的事实。

布尔巴基的思想

虽说布尔巴基已趋于衰落，但是其影响不能说已完全消失，恰恰相反，其思想中许多合理内核必将长期地传下去。

了解布尔巴基的思想，最好是读布尔巴基的原著，以及其主要成员对布尔巴基的阐释，这里只是简单地概括一下。

1. 数学的统一性

19 世纪以来，特别是 20 世纪数学的领域空前地扩大，新学科、新领域大量涌现，数学呈现空前的多样化局面。它有些像人类面对的自然界中,动物、植物、矿物所显示出的千姿百态、丰富多彩的世界。一般人可以局限于特殊事物,而科学家却是要理解它们之间的关系,也就是自然界的统一性;现代数学家可以只去考虑自己某一狭窄领域里的特殊问题,而布尔巴基则要探索其间的共同点,也就是数学的统一性。他们强调,数学不仅仅是各个学科的简单总和,数学各领域之间有着千丝万缕的联系,而且各种问题的价值并不一样。最有价值的数学,就是与各个领域有密切关系的问题,而比较孤立的问题往往是意义不大的。

迪厄多内曾把问题分成六大类:

(1) 没有希望解决的问题。例如完美数问题、费马素数的判定问题、欧拉常数的无理性问题等。它们之所以难以解决,是由于不能发现同其他的数学理论的联系,其本身也找不到结构,这些很孤立的问题,在初等数论中特别多。

(2) 没有后代的问题。所考虑的问题有可能得到解决,但是它的解决对于处理其他任何问题没有什么帮助。许多组合问题就属于此类。这主要是它们比较孤立,与其他数学理论没有联系。

(3) 产生方法的问题。有些组合问题及有关数论的问题,其本身比较孤立,它们的解决对于其他问题的解决帮助并不大,特别是对于其他理论影响不大。但是,为了解决原来的问题，可以从中钻研出一些有用的技巧甚至方法，利用它们可以处理相似的问题或者更困难的问题。例如解析数论中 C. 哥德巴赫（C. Goldbach）问题、孪生素数问题、超越数论问题以及有限群论中的一些问题。这些问题虽然比较孤立，但是创造出的解决方法影响却不小。这些方法的本质以及内在的结构还值得进一步探索。

（4）产生一般理论的问题。问题从特殊情形开始，但是由于揭示出了难以预测的隐蔽结构的存在，不仅解决了原来的问题，而且提供了有力的一般工具，可以解决许多不同领域的一批问题。从而，问题本身发展成为生机勃勃的分支学科。代数拓扑学、李群理论、代数数论、代数几何学等主要问题都属于这个类型。

（5）日渐衰落的理论问题。正如希尔伯特所强调的，一个理论的繁荣要依靠不断提出新的问题。一个理论一旦解决了最重要的问题（从本身意义上来看或者从与其他数学分支的联系上来看）之后，往往就倾向于集中研究特殊的和孤立的问题。这些问题都很难，而且前景往往也并不是十分美好。例如单复变函数论的某些分支。不变式理论就曾经有过多次起落，而主要是靠找到了同其他数学领域的联系才获得新生的。

（6）平淡无聊的问题。由于理论中某些特选的问题幸运地碰到好的公理化,而且得以发展出有用的技巧和方法,就导致许多人没有明确的动机就任意地改变公理,得出一些"理论",或平行地推出一些没有什么实际内容的问题。这种为公理而公理的"符号游戏",在数学中占有相当的比例。

布尔巴基强调的主要是第 4 类问题,间或有少量的第 3 类问题。因此,尽管布尔巴基所选择的主题内容庞杂、数量繁多,很难掌握,但是它们的特点在于其突出的统一性。其中,没有一个理论的思想不在其他一些领域中反映出来。而且,从布尔巴基讨论班上反映出来的也正是他们时时注意的,属于当前主流的理论。主流的特征在于各个理论与分支之间有着多种多样的相互联系,而且彼此之间不断在施加新的相互影响。

一个理论不是永远处于主流而不再变动的。像非交换、非结合代数、一般拓扑学、"抽象"泛函分析等,都曾一度处于主流,不过后来有意义的问题越来越少,同其他分支也脱离得越来越远,并且偏于一些过分专门的问题或者搞一些无源之水式的研究,结果逐步偏离开了主流,也就偏离开了布尔巴基的选择。

2. 数学结构是数学统一性的基础

在数学历史上,有过多次统一数学的想法,而布尔巴基的独创之点就是提出数学结构的概念,并以此为数学统一的基础。

　　结构的基础是集合。集合的概念较为简单，它只涉及集合、元素以及元素属于集合这种简单关系。它不讨论元素和元素之间的关系。而元素与元素之间以及元素与子集合、子集合与子集合之间的各种关系，我们称为结构，它构成布尔巴基统一数学的基础。

　　定义数学结构的方法，布尔巴基仿照他们的前辈希尔伯特、E. 诺特（E. Noether, 1882—1935）、E. 阿廷（E. Artin, 1898—1962）以及 B. L. 范·德·瓦尔登（B. L. van der Waerden, 1903—1996）的抽象化、形式化及公理化的方法。通过这种方法，各种结构的相似和差异以及它们的复杂程度都一目了然。它们可以构成研究具体的数学对象的基础，通过结构的分析则可以看出各领域的亲缘关系。

3. 数学结构的分类

　　布尔巴基提出，在数学世界的中心，是结构的几个主要类型：代数结构（群、环、域），序结构（偏序、全序），拓扑结构（领域、连续、极限、连通性、维数），它们可以被称为母结构，或者是核心结构、基础结构。每一种类型的结构又各有许多分支，而且彼此间有一定关系，它们都由公理来决定。更进一步，两种或多种结构可以复合而成更复杂的结构，每种结构都保持其独立性，但是它们之间可以通过映射、运算等关系联结在一起。复合结构最简单的例子是向量空间。此外还有多重结构。如果一个集合同时具有两种或两种以上的结构，这些结构之间有一定关系并且彼此相容，就称为一种多重结构。多重结构很多，如偏序群、全序群、拓扑群、拓扑环、拓扑域、偏序拓扑空间、拓扑向量空间等。

通过对结构的分析，数学的各个分支也就在统一数学的框架之内形成一个严整的体系。迪厄多内在《纯粹数学大观：布尔巴基的选择》一书中，把数学主流学科分为 A、B、C、D 四个等级。A 级为当前最活跃的 10 门学科，即代数拓扑学与微分拓扑学、微分几何学、微分方程、遍历理论、偏微分方程、非交换调和分析、自守形式与模形式、解析几何学、代数几何学、数论。这些都是数学的最上层建筑。在它们的下面是 B 级学科，这些学科已比较成熟，目前与其他学科的关系不像以前那么密切，它们是：同调代数、李群、"抽象"群、交换调和分析、J. 冯·诺伊曼（J. von Neumann）代数、数理逻辑、概率论。C 级则更为基本，共包括：范畴与函子、交换代数学、算子的谱理论。A、B、C 三级共 20 个学科，它们被布尔巴基认为是当前数学中处于主流的学科。作为它们的基础的是 D 级，共分 6 门：集合论、一般代数学、一般拓扑学、古典分析、拓扑向量空间、积分。这 6 个"基础"学科正好是布尔巴基在《数学原理》中所整理的内容，经过布尔巴基的整理，它们大都已经定型，布尔巴基认为其后的发展不会太大了。

4. 数学的历史分析

布尔巴基学派一个常为人忽视的方面，就是只强调其结构分析一面，而忽视其历史分析一面。布尔巴基在建立数学的结构体系的同时，也对数学历史进行了研究。《数学原理》大多数分册，都有"历史注记"，这些历史注记曾于 1960 年集中出版，其后也多次再版。布尔巴基的成员，特别是韦伊和迪厄多内，极为重视数学历史，他们也有许多数学史著作行世。不仅如此，他们对于数学现状和数学未来也有一些独到的见解，在本文集中也收入了这方面的论述。

布尔巴基思想的传播

布尔巴基的名字逐渐为人所知还是在第二次世界大战结束之后，他的著作《数学原理》得到了多方面的好评。这对于统一当时数学思想、推动结构数学的进步的确起了重要的作用。于是许多人就问，谁是布尔巴基？有些人语焉不详地介绍一些情况，布尔巴基成员往往借题发挥，大开玩笑。认真介绍布尔巴基的还是布尔巴基的奠基者，最早是 H. 嘉当 1958 年的报告；德尔萨特在 1965 年到中国访问时也曾介绍过布尔巴基；1968 年迪厄多内在罗马尼亚的报告可以说是详尽而具体；1976 年和 1979 年韦伊访华也谈到布尔巴基。从此，布尔巴基的工作情况为大家所了解。

布尔巴基关于数学结构的思想以及其成员对数学的过

去、现在和未来的看法,早已在第二次世界大战期间就以个人名义陆续发表,1948 年汇编在《数学的伟大潮流》一书中。其中以布尔巴基名义发表的《数学的建筑》一文可以说是布尔巴基学派的宣言。大约同时,布尔巴基发表了《数学研究者的数学基础》,这是他们对数学基础的看法。

第二次世界大战以后,布尔巴基讨论班表达了布尔巴基对于战后数学的进展的主要看法。特别是迪厄多内,多次撰文介绍当代数学进展,先是 1955 年发表的《1949 到 1955 年的法国纯粹数学》,着重介绍了代数拓扑和泛函分析两大领域,其中多有赖于布尔巴基成员的工作;1964 年又发表了一篇综述当时数学进展的论文,题为《数学的最新发展》;1977 年在布尔巴基讨论班的报告基础上出版的《纯粹数学大观:布尔巴基的选择》,更是详细论述了 20 个领域的最新进展。1978 年发表的《纯粹数学的当前趋势》可以说是该书的概要。但是,比起具体的数学内容来,他们对数学发展的论述更值得重视。因此,在本文集中,我们再次发表这篇重要文章。而《纯粹数学大观:布尔巴基的选择》在 1981 年出版的英译本略有增补。在笔者于 1986 年询问迪厄多内是否将出增订本以及对数学新进展加以补充时,他表示,他已无意此道。

谈到数学史,韦伊无疑是这方面的权威,布尔巴基《数学原理》中的“历史注记”大部分来自他的笔下。他在 1978 年国际数学家大会上做的大会报告《数学史:Why and How》更是代表了他对数学史的看法。从 1970 年以来，他在数学史，特别是数论史方面发表了大量的著作。大约同时，迪厄多内也陆续发表了三部数学史著作。

说到我国，由于种种原因，布尔巴基的影响微乎其微。不过，在介绍布尔巴基学派方面，却是比较早的。正好在布尔巴基全盛时期，我国著名数学家吴文俊留学法国，他在 1951 年首先撰文加以介绍。1963 年他在中国科学院数学研究所也做过报告。"文化大革命"以后，他从新的角度审视布尔巴基。我国另一位留法著名数学家关肇直在他的 20 世纪 50 年代出版的著作《拓扑空间概率》和《泛函分析讲义》中，也介绍过布尔巴基的观点。1978 年起，笔者根据所能得到的文献，写了一些论文，翻译了一些原著，介绍布尔巴基，从现代数学史的角度研究布尔巴基，《布尔巴基学派的兴衰》于 1984 年出版。

现在，布尔巴基已经成为数学史的研究对象，1989 年加拿大的丽莲·波留(Liliane Beaulieu)就以布尔巴基为题完成了博士论文。

结　语

从 20 世纪数学史的角度看，20 世纪数学可分为三个时期：前布尔巴基时期(19 世纪末到 20 世纪 30 年代)，布尔巴基时期(20 世纪 30 年代到 80 年代)，后布尔巴基时期(20 世纪

80 年代后）。布尔巴基对于整个 20 世纪数学具有决定性的影响。正如当代一位伟大的数学家阿蒂亚所说："我这一代的，甚至随后几十年的数学家，没有不知道尼古拉·布尔巴基的……我们中很多人曾是布尔巴基的热情追随者，相信他振兴了 20 世纪数学，并指出其发展方向……他们共有的理想主义观点重新塑造了 20 世纪的数学。"正因为如此，要学习和研究 20 世纪的数学和数学史，布尔巴基绝对不能绕开，也是不应绕开的。

布尔巴基原著

数学的建筑①

一门数学还是多门数学

目前,要对数学科学提供一个完整的看法,似乎一开始就有着不可克服的困难,这是因为它的主题内容广泛、复杂、变化多端。正像所有其他科学一样,数学家的人数和有关数学论著的数目从 19 世纪末期以来已有极大的增长。在正常年景,全世界每年出版的纯粹数学专著可达成千上万页。当然,这些材料的价值并不完全相同,但是,在充分考虑到不可避免地会有稗子混杂其中的情况下,仍然可以说,数学科学每年都增加大量新成果,它稳步地扩展并分化成为各种理论,而这些理论又经常加以修正、重新改造、互相对比、彼此融合。任何数学家,即使是把他的全部时间和精力都投入工作的数学家,也不可能跟上这种发展的所有细节。许多数学家只是集中搞整个数学领域中的一个角落的一小部分,而不打算离开;他们不仅对于和他们专业无关

① 原题:La Architecture de la mathématique。本文译自:F. Le Lionnais 编的 Les grands courants de la pensée mathématique,Cahiers du Sud,1948:35-47.

的数学领域几乎一无所知,而且对于和自己专业隔得很远的另外角落里工作的同事所用的语言和专门名词也不能理解。甚至那些受到最广博训练的数学家,也没人能够在数学的广大世界的某些区域中毫无迷失方向之感;像庞加莱和希尔伯特那样在几乎所有领域都刻上他们天才印记的数学家,即使在取得最伟大成就的人当中也是极为罕见的例外情形。

因此,对于数学家自己也不能整个加以考虑的全局,要想描绘出一个精确的图景是根本谈不上的。然而,我们却可以问:这种旺盛的繁衍是具有坚实构造的有机体的发育过程,随着新的发展日益获得越来越大的协调性和统一性,还是正如它的外部所表现出的那种逐步分裂的趋势是数学的本性中所固有的?是否数学领域不会成为巴贝尔塔,其中独立的学科,不仅它们的目的,而且它们的方法甚至它们的语言也正在越来越明显地分离?换句话说,我们现在是有一门数学还是有几门数学?

虽然这个问题在当前比以往任何时候或许都有更大的紧迫性,可是它绝不是一个新问题。可以说几乎从数学科学刚一萌芽,就已经提出这个问题。的确,抛开应用数学不谈,就已经在几何的起源和算术的起源方面一直存在着二元性(当然都是指它们的初等方面)。因为,算术一开始是一门关于离散数量的科学,而几何总是连续数量的科学,这两个方面就造成了从无理数的发现以来两种彼此对立的观点。况且,正是无理数的发现使得统一这门科学的最初尝试,即毕达哥拉斯(Pythagoras)学派的算术化("万物皆数")归于失败。

假如我们要从毕达哥拉斯的时代起把数学统一性概念的兴衰替废一直追溯到现在,那就会使我们离题太远。况且,这个任务更适于哲学家而不是数学家去干。因为把整个数学合成一个协调一致的整体的各种尝试——不管你想到的是柏拉图(Plato)、笛卡儿(Descartes)或者莱布尼茨(Leibniz),是算术化还是 19 世纪的"逻辑斯提",它们的共同特征都是它们和范围或宽或窄的哲学体系联系在一起。一般都是从数学与外在世界和思想世界这两重宇宙的关系的先验观点出发的。关于这方面我们最好还是请读者参考 L. 布鲁恩什维克(L. Brunschvicg)的历史的及批判的研究:《数学哲学的发展阶段》。我们的任务更为局限,也不那么广泛,我们不想考察数学与现实或者与大的思想范畴的关系;我们力图局限于数学领域之内,通过分析数学本身的进程来寻求我们上面提到的问题的答案。

逻辑形式主义和公理方法

在我们上面所提到的各种体系多多少少明显地破产之后,在 20 世纪初,似乎把数学看成具有特定目标和方法的科学的尝试都趋于废弃。代之而起的是把数学看成"一个学科的集体,每一个学科都是基于特殊的、确切规定的概念之上",这些学科通过"许许多多交流途径"彼此相联系,以致这些学科中任何一个学科的方法都能使得一个或几个其他学科取得成果。可是,今天我们相信,数学科学的内部演化,尽管表面看来光怪陆离,却使其各个不同的组成部分聚集在一起形成更为密集的统一体,好像创造出某种类乎中心核的东西,它比以往任何时候都更加紧密。这种演化的本质,就是系统地研究在不同的数学理论之间存在的关系,而这就导致通常所说的"公理方法"。

"形式主义"和"形式主义的方法"这两个词也常常用到。但是,重要的是从一开始就要注意防止应用这些定义不确切的词所引起的混乱,以及公理方法的反对者也经常使用这些词而引起的误解。谁都知道,数学表面上看来像是笛卡儿所说的"推理的长链",每一个数学理论都是一串命题,每一个命题都由前面的命题按照逻辑体系的规则推导出来,这个逻辑体系就是从亚里士多德(Aristotle)时代起实质上已经建立起来的所谓"形式逻辑",它最适于数学家用来达到自己的目的。因此说这种"演绎推理"是数学的统一原则,这是一句毫无意义的老生常谈。这样一种说法实在太肤浅,以致它肯定没有涉及各种不同的数学理论的明显的复杂性,而且也不比例如说根据物理学和生物学都使用实验方法就把它们统一为单独一门科学更为高明。通过一串三段论式进行推理无非是一套变换程序，把它用到一组前提上和用到另外一组前提上都一样好，因此，它不足以刻画这些前提的特性。换句话说，它是数学家赋予它的思想的外部形式，它是使这些思想为别人接受的工具①。简单说，它就是数学所适用的语言。它无非就是这些东西，再也不能赋予它更多的意义。规定出这个语言的规则，建立起它的词汇，阐明它的语法，所有这些的确都极为有用。这确实也构成公理方法的一个方面，即可以正确地称之为逻辑形式主义（或者如有时所谓的"逻辑斯提"）的方面。但是我们强调它只是公理方法的一个方面，而且确实是最没什么意思的一个方面。

公理方法所设定的根本目的，正好是逻辑形式主义本身不能达到的，就是数学的深刻的清晰性。正如实验方法是以对自然规律的永恒性的先验信念为其出发点一样，公理方法的基石就在于这样的信念：数学不仅不是一串随便发展起来的三段论式，而且也不是一堆多多少少"高明"的技巧，这些技巧都是通过幸运的组合得出的，其中以纯粹技术上的巧妙取得优胜。肤浅的观察者只看到两个或几种不同的理论，其

---

① 的确每一位数学家都知道，假如仅仅把构成证明的推演过程的正确性一步一步地加以验证，而对于为什么采用这一串推演步骤而不采用任何其他的一串推演步骤的思想并不打算去获得一个清楚的了解，那么他实际上并没有真正"懂得"这个证明。

中一种理论通过天才数学家的干预给另外的理论以"意想不到的支持",而公理方法就教导我们去寻求这种发现的更深刻的根由,去发现埋藏在每一种理论中的一大堆细节下面的这些理论的共同的思想,推动这些思想前进,并把它们安置在它们本来应有的位置上。

结构的观念

这些究竟以什么形式来完成呢?正是在这个地方公理方法与实验方法最为接近。正像实验方法从笛卡儿主义的源泉中吸取它的力量一样,公理方法"把困难进行分割的目的是更好地去克服困难"。它力图在一种理论的证明中,分离出其论证的首要动力,然后把它们分别加以考虑并表述成抽象的形式,这样就可以得出由它本身推出的结论。然后再回到我们所考虑的理论,它将是这些原先分离出来的组成部分的再结合,并且我们还会问这些不同的组成部分是怎样互相影响的。在这种经典的分析与综合之间的进进退退的确并没有什么新东西,这个方法的独创性完全在于应用它的方式。

为了用例子阐明我们刚刚概括地叙述的步骤,我们举出一个最老的(也是最简单的)公理理论,即"抽象群"的公理理论。让我们考虑,比如说下面三种运算:

(1)实数的加法,两个实数(正、负或零)的和按照通常的方式来定义；

（2）"模一个素数 p 的"整数（这里所考虑的元素是整数 $1,2,\cdots,p-1$）的乘法，这样两个数的"乘积"，根据约定，定义为它们通常的乘积除以 p 后所得的余数；

（3）三维欧氏空间中的平移的"合成"，两个平移 S,T（按照这个顺序）的"合成"（或者"乘积"）定义为先进行平移 T 然后进行平移 S 后所得到的平移。

这三种理论中的每一个，我们都通过在这理论中定义的一种步骤，使得所考虑的集合（第一种情形是实数集合，第二种情形是数集 $1,2,\cdots,p-1$，第三种情形是所有平移构成的集合）中的两个元素 x,y（按照这个次序），对应于一个完全确定的第三个元素，我们约定把这三种情形下所得到的这三个元素都用 $x\tau y$ 来表示（假如 x,y 是实数，$x\tau y$ 就是 x 与 y 的和；假如 x,y 是 $\leqslant p-1$ 的整数，$x\tau y$ 就是它们"模 p"的乘积；假如 x,y 是平移，$x\tau y$ 就是它们的"合成"）。如果我们现在来检查这三种理论中这个"运算"的各种性质，就会发现显著的平行性，但在每个个别的理论中，这些性质是互相联系在一起的，因而，分析它们之间的逻辑联系，就会导致我们选择这些性质中少数互相独立的性质，这里互相独立是指其中没有一条性质是其余性质的逻辑推论。

例如①,我们可以把这三个理论的共同特点表示如下,其中都用我们的符号记法来表示,但是它可以很容易地翻译成任何一个理论的特殊语言:

(a)对于所有元素 x,y,z,我们有 $x\tau(y\tau z)=(x\tau y)\tau z$(运算 $x\tau y$ 的"结合性");

(b)存在一个元素 e,使得对于任意元素 x,我们有 $e\tau x=x\tau e=x$(对于实数的加法,e 就是数 0;对于"模 p"乘法,e 就是数 -1;对于平移的合成,e 就是"恒同"平移,即使得空间每一点保持不动的平移);

(c)对于每一个元素 x,都对应一个元素 x',使得 $x\tau x'=x'\tau x=e$(对于实数的加法,x' 是数 $-x$;对于平移的合成,x' 是 x 的"逆"平移,即把被 x 平移到的每一点都移回到原来的点的平移;对于"模 p"乘法,通过非常简单的算术论证即可得出 x' 的存在)。②

于是,我们可以得出,在上面三种理论中可以用同样记法通过相同方式来表述的性质都是上面这三条的推论。让我们

① 这个选取也不是绝对的。已经知道有许多公理系统和我们这里所明确表述的公理系统"等价",其中每一公理系统中的公理都是任何其他公理系统的公理的逻辑推论。

② 我们可以看到,数 $x,x^2,\cdots,x^m,\cdots$ 除以 p 之后所得的余数不可能完全不同,当我们表示其中两个余数相等这个事实时,我们就很容易证明,存在 x 的一个幂 x^m,它的余数为 1;那么,假定 x' 是 x^{m-1} 除以 p 的余数,我们即可推出 x 和 x'"模 p"的乘积等于 1。

试着证明,比如说,由 $x\tau y = x\tau z$ 可推出 $y = z$,而在每一个理论中我们都可以通过一种专用的推理方法去证明这一点。但是,我们下面的证明方法对于所有的情形都能用得上:

由关系 $x\tau y = x\tau z$,我们可以推出 $x'\tau(x\tau y) = x'\tau(x\tau z)$($x'$ 的意义我们已定义如上);然后应用(a),$(x'\tau x)\tau y = (x'\tau x)\tau z$;由(c),这个关系就变为 $e\tau y = e\tau z$;最后,应用(b),就得出 $y = z$,这就是我们要证的。

这个推理过程中,我们所考虑的元素 x, y, z 本身的性质如何则是完全不相干的。我们并没有去管这些元素究竟是实数还是 $\leqslant p-1$ 的整数,还是平移。唯一重要的前提是在这些元素上的运算 $x\tau y$ 具有性质(a)(b)(c)。即便只从避免冗繁的重复来看,只由三个性质(a)(b)(c)一下子推出来它所有的逻辑推论显然也是非常方便的。为了语言上的便利,自然也希望对于这三个集合采用共同的术语。如果一个集合,其上定义一种运算 τ 具有(a)(b)(c)三条性质,我们就说它上面具有一个群的结构(或简单说它是一个群)。性质(a)(b)(c)称为群结构的公理①,而由此得出它们的推论就构成公理化群论的理论。

现在,数学结构一般来说是什么意思就可以讲清楚了。

---

① 不言而喻,这里对于"公理"这个词的解释和它的传统意义"明显的真理"不再有什么关系。

用这个通用的名称来表示各种各样概念的共同特征就在于它们可以应用到各种元素的集合上，而这些元素的性质并没有专门指定①。定义一个结构也就是给出这些元素之间的一个或者几个关系②（在群的情形，这就是三个任意元素之间的关系 $z = x\tau y$）。于是人们就假定给定的一个或几个关系满足某些条件（它们被明显地表述出来，并是所考虑的结构的公理）③。建立起某种给定结构的公理理论就等于只从结构的公理出发，而排除掉所有关于所考虑的元素的任何其他假设（特别是关于这些元素的本性的假设）来推演出这些公理的逻辑推论。

---

①　我们这里采用一种朴素的观点，不再讨论由数学的"存在"或"对象"的"性质"问题而引起的许多半哲学、半数学的棘手问题。我们只需谈到 19 世纪和 20 世纪的公理研究已经用单一的概念来逐步代替这些"存在"的头脑表象中的初始的多元性，这些可以看成感官经验的理想的"抽象"并保持它们所有的杂合性，逐步缩减所有的数学观念，先是归结成自然数的概念，然后在第二阶段归结成集合的概念。长期以来，集合概念被认为是"原始的"和"不能定义的"，由于它极为一般的特征，以及它在头脑中唤起的表象太空泛，结果成为无止无休的争论的主题。这种困难不可能消失，除非集合的观念本身连同那些关于数学"存在"的所有形而上学的假问题在逻辑形式主义的最近成果的影响下消失掉。由这种新观点出发，其实数学结构就成为数学的唯一的"对象"。读者可在迪厄多内（《近代公理方法和数学基础》《科学评论》，1939，Vol. 77，p. 224-233）及 H. 嘉当（《论数学的逻辑基础》《科学评论》，1934，Vol. 81，p. 3-11）的两篇文章中看到对这种观点更为充分的讨论。

②　实际上，这个结构的意义，对于数学的需要来说还不够一般；还必须考虑这样的情况：定义结构的关系不仅是指所考虑的集合的元素之间的关系，而且还可以有这个集合的各个子集之间的关系，甚至于更一般地包括在"类型的层次"的术语中更高"阶"的集合的元素之间的关系。更精确的定义见拙著《数学原理》第 I 卷，科学工业丛书，No. 846。

③　严格来讲，在群的情形下，除了上面讲的性质（a）（b）（c）之外，还应该把下面的事实算作公理：当 x 及 y 给定时，关系 $z = x\tau y$ 决定唯一的一个 z。我们通常把这个性质默认为蕴涵在关系所记下的形式当中。

结构的几大类型

定义一个结构的出发点的关系可以是有着极为不同的特征的。在群的结构中出现的关系就是所谓的"合成律",即三个元素之间的关系,它把第三个元素作为前面两个元素的函数而唯一确定下来。假如在结构的定义中所出现的关系是合成律,这个相应的结构就称为代数结构(例如,一个域的结构就是由两个合成律再加上适当的公理来定义的,实数的加法和乘法就是在实数集合上定义一个域的结构)。

另外一个重要的类型是由次序关系所定义的结构。次序关系是两个元素 x, y 之间的一种关系,它通常表述为"x 小于或等于 y",我们把它一般地表示为 xRy。这里完全不假定,这个关系把两元素 x, y 中的一个作为另外一个的函数而唯一确定下来。它满足下列公理:

(a) 对于任何 x,我们有 xRx;

(b) 由关系 xRy 及 yRx 可推出 $x = y$;

(c) 由关系 xRy 和 yRz 可推出推论 xRz。

具有这类结构的集合中一个明显的例子是整数集合(或者实数集合),其中记号 R 用记号"$\leqslant$"来代替。但是,必须注意我们在公理中并没有把下面这个性质包括进来,而这个性质似乎和通常讲的"次序"观念是不可分的:"对于任何一对元素 x

和 y, 或者 xRy 或者 yRx 成立。"换言之, 我们并不排除 x 与 y 是不可比较的情形。乍一看来, 这似乎有点自相矛盾, 但是, 我们很容易举出非常重要的序结构的例子, 其中出现这种现象。比如说, 如果 X 和 Y 表示同一集合中的子集, 关系 XRY 解释为"X 包含在 Y 中"就是这种情形; 还有 x 和 y 是正整数, xRy 解释为"x 整除 y"的情形也是如此; 还有, 假如 $f(x)$ 和 $g(x)$ 是在区间 $a \leqslant x \leqslant b$ 上定义的实值函数, 而 $f(x)Rg(x)$ 解释为"对于所有 x, $f(x) \leqslant g(x)$"也是这种情况。这些例子也表明, 序结构所出现的领域是多么复杂多样, 从而指出为什么会对研究序结构有那么大的兴趣。

我们还需要谈几句第三大类型的结构, 也就是拓扑结构 (或者拓扑), 它给由我们空间观念引出的邻域、极限和连续性等直观概念提供了一个抽象的数学表述。对于这样一种结构的公理的表述所需的抽象程度肯定比上面的例子要高得多。因此, 由于本文的特点就不得不请有兴趣的读者去参看专门的著述。

数学工具的标准化

我们可能已经讲得足够多, 使得读者对于公理方法有了一个相当精确的观念。显然由前面所讲的, 它最突出的特色就是产生高度的思维经济。"结构"对于数学家来说是工具, 一旦他在他所研究的元素当中认出某种关系, 它们满足已知类型的公理,那么,他马上就有属于这种类型结构的一般定理的整个武器库供他随意使用。可是以往他就不得不亲手创造解决他的问题的武器,而这些武器的威力大小就要靠他个人的才能,并且由于他当时研究的问题的特殊性,往往还要加上许多限制性的假定。我们可以这样说,公理方法就是数学中的"泰罗制"①。

然而,这是一种很不恰当的类比。数学家不是像一台机器那样工作,也不是像工人在传送带旁那样干活。我们不能过分强调在他的研究工作中特殊的直觉所起的重要作用②,这种直觉并非通常所说的感官上的直觉,而可以说是(在所有推理之前)对于正常行为的一种直接的预见,他好像有权预期数学的结果,由于他同数学存在长期的认识,使得他对它们的熟悉程度就跟他对现实世界的凡人的了解一样。现在,每一种结构都带有自己的一套语言,充满着许多特殊的直观参照物,它是由上面所描述的公理分析得出的结构所依据的一些理论推导出来的。并且,一位研究工作者在他所研究的现象当中忽然发现了这个结构,就好像把他的直觉思路突然一下子调整到一个没有料到的方向,或者好像在他漫步的数学的风景区中投下一束新的光线照亮了这块地方。作

---

① 泰罗制是指利用"科学"方法提高劳动效率的劳动管理方法。——译者注
② 正如所有直觉一样,这种直觉也经常出错。

为一个古老的例子,让我们回想一下在 19 世纪初期由于虚数的几何表示所带来的进步。对于我们来说,这也就相当于在复杂集合中发现了一个众所周知的拓扑结构——欧氏平面的拓扑结构,连同所涉及的各种应用的可能性。在不到一个世纪中,它经由高斯、N. H. 阿贝尔(N. H. Abel)、柯西和黎曼的努力,给分析注入了新的生命。近 50 年来,这种实例不断地出现:希尔伯特空间,或者更一般的函数空间,在元素不再是点而是函数的集合上建立起拓扑结构;K. 亨塞尔(K. Hensel)的 p-adic 数理论以更令人惊讶的方式使得拓扑一直侵入到当时离散的、不连续性占统治地位的领域(例如整数集合)中去;A. 哈尔(A. Haar)测度极大地扩展了积分概念的应用范围,而且使连续群的性质能够得到非常深刻的分析。所有这些都是数学进展中决定性的事例,也是一些转折点,在这个转折点天才的灵机一动,通过在其中揭示一种结构而使得理论带来一个新的方向,而这种结构事先看来似乎和这种理论毫不相干。

总括说来,数学比以前任何时候都不像过去那样归结成个别公式的纯粹机械游戏,也比以前任何时候使得直觉在发现的诞生中占统治地位。但是,从今以后,数学具有几大类型的结构理论所提供的强有力的工具。它用单一观点支配着广大的领域,它们原先处于完全杂乱无章的状况,但是现在已经由公理方法统一起来了。

整体观点

现在让我们在公理概念的引导下，试着去纵览整个数学世界。的确，我们不再承认事物的传统秩序，这种秩序就好像动物物种的最初分类命名一样，只限于把外观看来最为相近的理论一个接一个地排在一起。与过去那种把数学截然划分成代数、分析、数论、几何等隔开的区域不同，我们将会看到，比如说，素数理论是代数曲线理论的近邻，或者，欧几里得几何与积分方程理论搭界。我们的组织原则将是结构层系的概念，这些结构由简单到复杂，由一般到特殊，形成整个一套层系。

在数学世界的中心，我们可以看到结构的几大类型，其中主要的类型我们在上面已经提到过，它们可以称为母结构。在这些类型当中每一个类型又存在许许多多分支。我们必须把所考虑的类型中最一般的、具有公理数目最少的结构同添加辅助公理而使该类型更加丰富所得出的结构加以区别，从每一条辅助公理我们又可以得出许多新推论。因而，在群论中，除了包含对于所有的群都成立，只依赖于上述公理的一般结论之外，还包含有限群论这种特殊理论（通过添加辅助公理"群的元素数目是有限的"而得出的），阿贝尔群论这种特殊理论（其中对于所有 x 和 y，满足 $x\tau y = y\tau x$），以及有限阿贝尔群论（其中假定这两个公理同时成立）。同样，在有序集合的理论中，我们特别可以注意到这样的集合

（例如整数集合或实数集合），其中任何两个元素都是可以比较的，这种集合我们称之为全序集合。在全序集合中，我们又可以集中注意所谓良序集合（正如大于零的整数集合一样，其中每个子集包含一个"最小元素"）。在拓扑结构之中也存在类似的层次。

在最原始的核心之外，出现了一些结构，我们可以称为多重结构。它们同时包括两个或多个大的母结构，这些母结构不是简单地叠加在一起的（这样不会产生任何新的东西），而是通过一个或几个公理有机地结合在一起，这些公理正是用来建立这些结构之间的关系的。这样一来我们就有了拓扑代数。它研究这样的结构，其中同时出现一个或多个合成律以及一种拓扑，它们通过下面条件联系在一起：代数运算是它所运算的元素上的（在所考虑的拓扑之下的）连续函数。代数拓扑也是同样重要的，其中由拓扑性质定义的空间中的某些点集（单形、闭链等）本身可取作元素，在这些元素上合成律可以作用。序结构和代数结构的结合也产生丰富的结果，其中一个方向导致整除性理论和理想理论，另一个方向导致积分和算子的"谱理论"，在后一情况下，拓扑结构也参加进来了。

沿着这条路走下去，我们最后就来到所谓特殊的理论。在这些理论中，所考虑的集合中的元素，它原来在一般的结构中一直是完全不特定的，现在就得到可以刻画得更加确切的个性。这时就涌现出来经典数学的理论：实变函数或复变函数的分析学、微分几何学、代数几何学、数论。但是，它们已经不是早先那种自成体系的局面了，它们现在成了十字街头，在这里几个更一般的数学结构碰到一起并且彼此相互作用。

为了得到一个正确的图景，我们在给出这种速写后，必须立即声明，这种速写必须看成只不过是数学现存的真实状况一个极为粗糙的近似；这种速写是概括的、理想化的，并且是死板的。

概括的——因为在具体细节中，事情并不像上面所叙述的那样简单而有系统。除了其他情形之外，还出现一些想不到的逆运动，其中一种特定的理论（像实数理论）对于构造一般的理论（如拓扑和积分理论）提供必不可少的帮助。

理想化的——因为在数学的各个领域中，每种大结构所起的作用远远不是都明显地认识并且能区分出来；在某些理论中（例如数论），还保留着大量的孤立的结果，它们不太可能分类也不能够和已知的结构满意地联系在一起。

死板的——因为没有什么东西比科学静止概念离公理方法更远了。我们不想引导读者有这样的看法，即认为我们声称我们已经描述了这门科学的最终确定的状况。结构无论在数量上还是在它们的本质内涵上都不是永恒不变的。在数学的未来发展中，基本结构的数量可能增加，它揭示新公理或者公理的新结合十分富有成果。我们能够由现在已知的结构得出的进展,来事先估计由发明新结构导出重要的进展。另一方面,这些已知结构也绝非完工的大厦,假如所有的本质都已经由它们的原则中抽取出来,那真是一件令人大为惊讶的事。

因此,通过这种必不可少的修正,我们可以更好地意识到数学的内在生命,认识到数学的统一性,同样也认识到数学的多样性。数学好像一座大城市,它的郊区在周围的土地上不停地有点杂乱无章地向外扩展,同时市中心隔一段时期就进行重建,每一次设计更加明确,布局更加雄伟,总是以老的住宅区和它们迷宫式的小街道为基础,通过更直、更宽、更舒适的林荫大道通往四面八方。

回顾和结束语

在上面几节中我们试图介绍的概念并不是一下子形成的,它们有一个演化的过程,经历了半个多世纪的发展,并且遭到过哲学家以及数学家的激烈反对。许多持反对意见的数学家长期以来不愿意看到在公理理论中除了不能产生任何理论的没有用的逻辑上的精细巧妙之外还有可取之处。这种批判的态度可以由纯粹历史的事件来解释:最早的公理化的讨论以及引起很大反响的公理化[J. W. R. 戴德金(J. W. R. Dedekind)和 G. 皮亚诺(G. Peano)关于算术的公理化以及希尔伯特关于欧氏几何的公理化]研究的是单值理论,即由其完备的公理系统所完全决定的理论,由于这个原因,它们除了由它们所抽取出来的理论之外就不能应用到任何其他的理论上去(这就和我们上面看到的,比如说,群论的情形完全相反)。假如对于所有其他的结构也是这样,那么谴责公理方法产生不出新的成果就是完全有道理的了①。但是,公理方法进一步发展显示出了它的威力,虽然在这里或那里仍然会遇到非难和抵触,不过这可以解释为这些头脑在讨论具体问题的时候,自然很难于承认,不是直接由已给的元素提供的(而常常只有通过更高级的,往往也更困难的抽象阶段才能达到的)直觉形式结果也会同样地富有成果。

至于谈到哲学家的反对意见,他们所涉及的是另外一个领域。而我们考虑到自己不具备那种资格,因此不打算进入这个领域。这里面最大的问题就是经验世界和数学世界之间的关系问题②。至于实验现象和数学结构之间存在着紧密

———————

① 经常出现,特别是在公理理论的初期,完全没有应用的一大堆巨大结构。它们唯一的好处是它们表明每一个公理的精确价值,这只要通过省略它或改变它看看会出现什么就行了。自然这就诱使人们得出结论:这就是你从公理方法所能指望得到的唯一结果!

② 这里我们不考虑由于把形式逻辑的规则应用到公理理论的思想方法上所引起的反对意见;这些和集合论中所碰到的逻辑困难有关。我们只需指出这种困难可以通过某种办法加以克服,使得既不遗留下来任何不满意的地方,也不会对于推理的正确性产生任何怀疑;在这方面,可参考本书《数学家与数学发展》一文(p. 85-106)中提到的迪厄多内及 H. 嘉当的两篇文章。

联系,似乎已经为现代物理中的最新发现以没有料到的方式完全证实。但是,对于这个事实的更根本的原因我们还是一无所知(假如我们真正给这些词赋予一定的意义的话),或许我们一直对它们总是一无所知。肯定还有一种观察会使得哲学家们将来在这方面更加慎重:在近代物理学的革命性的发展之前,曾经花费过大量的心血试图从实验真理特别是直接的空间直观导出数学来。但是,一方面,量子物理学表明,这种对现实的宏观直觉所涉及的是完全不同性质的微观现象,它所联系的数学领域肯定不是那些以应用于实验科学为目的而想到的数学领域。另一方面,公理方法表明,希望使数学从中得到发展的"真理"只不过是一般概念的特殊方面,它的意义也不限于这些领域。因此,经过如此说如此干之后,表明这种紧密联系(使我们赞叹的谐和的内在必然性)只不过是两门学科偶然的接触而已,它们之间真实的关系隐藏得很深很深,远远超出先验的假定。

从公理的观点看来,数学就表现为抽象形式——数学结构的仓库;而且也出现——我们不知道为什么——经验的现实本身适合这些形式就好像预先定做的一样。自然,不可否认,这些形式中大多数原先具有非常确定的直观内容,但是正是通过小心地扔掉这个内容,才有可能赋予这些形式以及它们所能显示的威力,并且使得自身易于接受新的解释并发挥出它们的全部威力。

　　"形式"这个词只是在这个意义下才能使我们把公理方法称为"形式主义"。它赋予数学的统一性并非形式逻辑（无生命的骨骼的统一体），它是有机体在它整个发育过程中的营养液，是方便和多产的研究工具，自从高斯以来所有伟大的数学思想家都致力于制造这种工具，用狄利克雷的话来说，他们总是孜孜不倦地试图"用观念来取代计算"。

　　　　　　　　　　　　（胡作玄译；沈永欢校）

数学研究者的数学基础[①]

我非常感激符号逻辑协会邀请我做这次讲演，我感到自己真配不上这个荣誉。近15年来，我在许多年轻的合作者的支持下（他们无私的帮助远非我能用适当的语言来形容），完全致力于对数学的所有基本分支进行统一的表述，把它建立在我希望提供的巩固基础上。作为一位实践的数学家，我已经对此进行过研究，至于涉及纯粹逻辑的问题，我必须承认我完全是自修的，并且在由此带来的重重困难之下辛勤探索。我不止一次扪心自问，如果我今天在这里讲演，这样做的目的是否主要是使我有机会得到你们专业上的建议和批评，这样我就可在大胆印发它们之前能够修正我的观点。

数学思想是否本质上是逻辑的？这个问题部分是心理学的，部分是形而上学的，而我对这类问题是完全没资格来讨论的。另外，我相信，逻辑同数学科学必须建立于其上的

---

① 原题：Foundations of Mathematics for the Working Mathematician。本文译自：Jornal of Symbolic Logic 14，L，1-8，1949.

广阔基础的协调一致的论述是不可分割的,这已经成为一条没什么人敢于挑战的真理。

不过,与此有关的逻辑的真值函数方面,仍给不同意见留有余地。数学史在这方面也许有不少启示。因为在数学发展过程中有一种范式,按照这种范式,对严密性的感受有时就要加以强调,有时就不那么认真,对数学作为一个整体连同其各个分支的基础有时就进行严格审查而有时又放松,对于这种范式的细致研究给那些不仅单纯关注事实而且更为关注思想的历史学家提供了一个极为有趣的研究课题。

这种研究过去还没有进行过,也可能这样做还为时过早,或许需要等到对数学史中某些关键时期进行更完备的考查后才行。至少现存的文献是否足以使我们对于像早期希腊科学中那些具有决定性的若干事迹得出正确的结论,还是令人怀疑的。那个时候,对于证明的需要头一次达到意识的水平上,同时满足这种需求的技术也缓慢而艰苦地发展起来。

可是,在对证明的结构进行逻辑分析之前,证明本身必须先存在。亚里士多德进行过这种分析,近代逻辑学家分析得就更加深入了,不论过去和现在,他们的分析一定要建立在大量数学著作之上。换句话说,逻辑,就我们数学可涉及的,不多不少正好是我们所用语言的语法,而造出这种语法之前,必定先要有语言存在。论证什么逻辑存在于数学之外不解决问题,仔细检查一下总可以发现,如果数学之外不管还有什么东西可以还原为纯粹逻辑,那不过是些严格的数学格式(大多是组合的),只是设计得可以应用于某种具体的情形。我们只需考虑,比如说古典的三段论法(凡人皆有死,苏格拉底是人,……)就使我们相信这个命题是对的。在数学之外,甚至在物理科学当中,没有一个命题不是局限于讲者和其听者所共有的某些物理或心理的有关内容的知识。因此,逻辑或者数学推理(我相信是一回事)只有通过构造一个数学模型,经过一个抽象过程才可能进行。也就是说,其中每一步都涉及某种不同特性的数学应用。为什么这种应用总是成功呢?为什么某种逻辑推理在实际生活当中总是有用的?为什么有些最复杂、最难懂的数学理论成为近代物理学家、工程师和原子弹制造者的不可缺少的工具?我们感到幸运的是,数学家并没有感到有人要求他去回答这些问题,他也不应对他的研究结果是有用还是有害负任何责任。

因此,逻辑学家的首要任务是对现存的数学论述的总体加以分析,其中特别是那些大家公认是最正确的(或者按照通常的正式说法"最严格的")数学。在这方面,数学家所做的比数学家所想的(更确切地讲,数学家认为他所想的)对他更起着引导作用。因为搞研究的数学家的心理上的形象与其说是具有逻辑兴趣,还不如说具有心理学上的兴趣。再有,如果说逻辑(如同语法一样)是为了获得规范的价值,它就必须在密切注意之下，允许数学家讲出他真心想讲出的话，而不是试图让他去遵循某些精心设计但毫无用处的仪式。如果逻辑学家真正卸掉这种责任，而真正去帮助数学家给数学打下适当的基础，那他就可以给自己提出更进一步的目标。在过去的 50 年里，这方面已经取得了辉煌成就，这你们比我知道得更清楚，其中一部分是讨论无矛盾性问题的各个方面，这个问题从很早的时候就在逻辑与数学的关系方面起着突出作用。我想，我从数学研究工作者的观点简单讨论一下这个问题也不算离题太远吧。

从历史上讲，说数学完全没有矛盾当然是十分错误的。无矛盾性是作为我们要达到的目标出现的，它并不是上帝一劳永逸地给我们提供的保证。从很早的时期起，数学作为一个整体或者其中任何一个分支，对其原理每次批判的修正都几乎毫无例外地跟着一段不确定的时期，在这段时期中，矛盾的确出现而且要求必须加以解决。现在还很难判断，在早期希腊数学中，对证明的需要是否来自像一些历史学家所提出的与不可公度量的发现相联系的悖论。但是，比较近期的例子，像无穷小演算、级数理论、集合论的发展全都指向同一结论。矛盾的确出现了，但是，只要真与假、证明与未证明的区分仍然保持其原来含义，那就不能允许这些矛盾全都继续存在下去。每位数学家不管是初学者还是专家大师，他们在日常工作中所碰到的矛盾（由于多少比较容易发现的错误造成的)与几十年乃至几个世纪给逻辑学家提供素材的主要悖论之间并没有明显的分界线。因此,数学作为一个整体或者其中任何一个分支,无矛盾性似乎是一个经验事实而不是一个形而上学的原理。某一个分支越发展,似乎在它进一步发展过程中碰到矛盾的可能性就越小。同时,甚至就在数学的十分稳固的分支当中,对现有的术语和符号的拙劣地或者太巧妙地运用就可能导致歧义,甚至最终导致矛盾。这里,我不是指那种"abus de langage"(语言滥用),因为没有这种滥用,任何数学论著就都没法继续读下去。只要粗略地检查一遍现存的符号,就发现很少有一看就懂、十分简单的,也就是说,其中大多数符号要不把它们复杂化到毫无用处的程度就不足以消除掉它们所固有的歧义。作为这方面的例子,我们可以提到在圆括号和方括号的使用上有个君子协定,按照这个协定,这些括号常常略去不用。

当数学研究工作者处于这种进退两难的境地时,他们的态度又如何呢?我相信只能是严格按经验办事。我们不可能期望去证明,我们引进的每个定义、每个符号、每个缩写,都没有潜在的歧义,证明它不可能带来可能出现过的矛盾。让我们这样去表述规则,去下定义,使得每一个矛盾都很容易溯本求源,找到其原因,或者予以清除或者用警告符号围起来以防产生严重的麻烦。这样做对数学家来讲就应该足够了。我就是为了达到这种比较适度和有限的目标,而为我的数学著作打下基础的。现在让我具体讲一下我的做法。

现在谁都同意，数学论述的突出特点是它能被形式化，即翻译成某种符号语言。因此，我必须做的头一件事是把我打算使用的符号语言的词汇和语法确定下来。首先我以其纯粹的形式来叙述，然后再进行使用过程所教导我们要做的所有修正。当然，在本质上等价的符号语言（从一种符号语言能够无歧义地翻译成另一种语言）中选择某一种只是为了方便，而我选择的指导思想主要是从数学上而不是从逻辑上来考虑的。我所用的符号如下：

1° 变元（或变项），是任意的符号，通常是某种字母表中的字母，有时加上下标、上撇等；

2° 包围圈〇[①]，经验很快地证明，为了更加容易看清楚，在一开始我们就用通常的圆括号、方括号来取代它，不过这样一来，它可能失去一个完全没有歧义并且一看就懂的记号的优点；

3° 连接符号，即(a)非、与、或、及，(b)量词∀、∃；

4° 数学符号＝，∈，∣；

5° 缩写，在需要时将一个一个地引进和定义。

[①] 按照包围圈中间公式的长度，它通常用斜形。

上述符号的某些组合就称为关系式（relations），也即合适的公式①。在关系式中出现的任何变元称为自由变元或束缚变元，某些关系式称为真关系式。我将给出用法指南，使其使用者能够写下关系式，特别是真关系式，并能区分自由变元和束缚变元。指南如下：

（a）在符号＝或符号 ∈ 的左方和右方各写下一个变元，或在符号│的左方写一个变元，在右方写两个变元，这样就形成一个关系式，这样形成的关系式中所有变元都是自由变元。

（b）把已经写好的关系式加以重写，用包围圈圈起来，并在其左方写非，这样也形成一个关系式，这样的关系式中的自由变元和束缚变元仍与原关系式中的相同。

用一种明显的"速写"也可把（b）的第一部分更简洁地重新表述为：如 R 是一关系式，则非Ⓡ 也是一关系式。此处应该指出 R 并不是一个变元（在现有水平上，并不需要"命题变元"，但它在元数学的高级推理中则变得是不可缺少的）。当然，说 R "是"关系式并不精确，但是我相信它不会导致误解。如果 R 可以像上述那样用一关系式来替代，则符号串非Ⓡ 称为一个**格式**（scheme），也就是当字母 R 用一关系式来取代时，格式本身也成为一个关系式。我们用同样的约定来叙述

---

① 我注意到美国逻辑学家在另外一种意义下使用 relation 这个词。不过我这里将在我所习惯的、并符合法语用法的意义下继续使用它。

下列规则：

(c)如 R,S 是两个关系式，没有任何变元在其中之一是自由的，而在另一个中是束缚的，则 (R) 与 (S)，(R) 或 (S) 是关系式，其中的自由变元（束缚变元）至少在关系式 R,S 的一个中是自由变元（束缚变元）。

(d)用包围圈圈上一个关系式 R，在其左方写下 R 中束缚变元以外的任何变元，再在其左方写下符号 $\forall$、$\exists$ 中的一个，这样也形成一个关系式。这条可以更简洁地（但不太精确）表达如下：如果 R 是一个关系式，x 是 R 中一个变元，但不是 R 中的束缚变元，则 $\forall x(R)$，$\exists x(R)$ 是关系式。这种关系式中的束缚变元为 x 以及 R 中的束缚变元，而所有其他变元均为自由变元。

(e)每当引进一个缩写，必须给出一个规则指示如何用它来写下关系式，以及这样写下的关系式中，哪些是自由的，哪些是束缚的。

按通常方式（通过可以描述为"实验归纳"的证明类型）可以证明，在没有缩写的关系式中，只有直接在一个 $\forall$ 或 $\exists$ 后面的变元是束缚变元，而所有其他变元是自由变元。

从现在起，凡是包围圈都用圆括号来取代，而在没有圆括号意义也清楚的情况下，就省掉括号。一个格式可理解为一个设计,其中出现某些字母 R、S 等,而当 R、S 等用关系式取代时,则按照上述规则,也成为关系式。在这些关系式中,可能对自由变元和束缚变元有某些(明显讲出的)限制。这种格式往往必定是规则(b)(c)(d)(e)中出现的"基本格式"的一种组合。例如,

$$\exists x((非(\forall y(R)))\ 或(S)),$$

其中 y 在 R 中必定不是束缚的,在 S 中必定不是自由的;除了 y 之外,没有其他变元在 R 中是自由的同时在 S 中也是束缚的,或者在 R 中是束缚的同时在 S 中也是自由的;且 x 无论在 R 中或 S 中都不能是束缚变元。

现在我们进一步引进一个运算,即在一个关系式中用一个变元**取代**另一个。如果 R 是一个关系式:

(a)如果 x 和 y 都不在 R 中出现;

(b)如果 x,y 都在 R 中自由,则准许用 y 取代 x。

这时只要在 R 中以前写 x 的地方写上 y,如果 x 在 R 中不出现,那么这个运算就不能改变 R。下面我们这样写更方便一些,例如,用 $R\{x,y,z\}$ 表示一个关系式,其中,x、y、z 或者全都是自由变元或者全都不是,而 $R\{x,y,y\}$ 则表示在该关系式中用 y 取代 z 后的结果。

现在我们可以来表述推演规则了。我已经发现分两步来

做是方便的，尽管这两步之间的分界线多少是人为的、任意的。首先我引进同义关系的概念，它由下列规则所定义（其中对格式中变元的限制已经略去不提）：

（s1 — s2）同义性是"反射的""对称的""传递的"。

（s3）如果在任何一个基本格式中，一个关系式 R 用一个同义关系式 R' 所替代，则新关系式与前一关系式同义。

（s4）非（非 R）同义于 R。

（s5）非（R 与 S）同义于（非 R）或（非 S）。

（s6）非 $\forall x(R)$ 同义于 $\exists x$（非 R）。

（s7，s9，s10）"与"和"非"的交换性、结合性和分配性。

（s8）$\forall x$ 和 $\forall y$ 的交换性，$\exists x$ 和 $\exists y$ 的交换性。

（s11 — s12）如果 x 在 R 中不出现，则 $\forall x(R$ 与 $S)$ 同义于 R 与（$\forall x(S)$）；对于 $\exists$，同样关系也成立；对于"或"同样也成立。

（s13）如果 x 是 R 中束缚变元，则用在 R 中不出现的变元取代 x 后得出一个等价于 R 的关系式。

（s14）每当引进一个缩写，必须给出一个规则（其定义）来指示从包含它的一个关系式推导出没有把它写出的同义关系式的方法。

我们来引进具有通常意义的缩写 →, ↔, 现在对真关系式来表述其规则：

(v1) R 或非 R 为真。

(d1) 与一真关系式同义的每一关系式均真。

(d2) 如果 R 和 S 均真，则 $(R$ 与 $S)$ 为真。

(d3) 如果 R 真，则 $(R$ 或 $S)$ 为真。

(d4) 如果 R 和 $R \rightarrow S$ 均真，则 S 为真。

(d5) 如果 $R\{x, y\}$ 是一个关系式，且 $R\{y, y\}$ 为真，则 $\exists x (R\{x, y\})$ 为真。

(d6) 如果 R 为真，则 $\forall x (R)$ 为真。

由上述规则，不难进一步推导出大量规则，这里我就略去了。但是，在进一步列出我所使用的数学公理表之前，我必须解释一下我所说的"公理""证明"和"理论"是什么意思，还要说明如何把上述规则很方便地推广到具体的数学中去。

如果我们的逻辑系统就像实际应用那样是数学语言的语法，那就必须考虑这样的事实：一个关系式的真假很难按上述那种绝对的意义来理解，而往往是在相对意义下来理解,也就是依赖于当时所做的假设。同样,量词大都出现于相对情形,因量词化的论证都假定从属某给定的"类型"。当然,这并不要求引进任何新的逻辑概念,但是它提示我们使用某些缩写,这些缩写我觉得十分便利,我们叙述如下:

我理解的"证明"是数学正文中的一节,它从某些关系式或关系式格式开始,这些称为证明的假设。数学证明的假设中所出现的格式只有我后面所写的两种。这两种格式都要求,在其中空位都被适当填满之后,所得的关系式就不含有任何自由变元;但另一方面,在假设中出现的关系式却可以包含自由变元。

如果 P 是一个证明,则关系式 R 称为 P 真:

(a)如果它是 P 的假设中出现的关系式的合取或者是从这些假设中出现的格式以允许的方式填满空位后导出的;

(b)如果它以真关系式 $A \rightarrow R$ 出现,其中 A 是(a)中描述的那种合取。

现在,完全类似于真关系式的演绎规则 (d1 − d5),用 (d′1 − d′5) 来表示五个规则,只是其中用 P 真来取代(绝对)真。不难看出,这些规则作为上述规则的推论是真确的。至于 (d6),它只是在下面受限制的形式下才保持真确:

(d′6) 如果 R 为 P 真,且变元 x 在 P 的假设当中不是作为自由变元出现,则 $\forall x(R)$ 为 P 真。

其他(导出的)演绎规则也仍然真确,只要缩写 →、↔ 为 $P\longrightarrow$、$P-\leftrightarrow$(其意义很明显)所取代,其中有些也具有在 (d′6) 中出现的那种类似的限制。由"abus de langage",这些缩写以及 P 真中的 P 要是对其意义正确理解没有影响也可以省去。

现在假定一个变元 u 在 P 的一个且只此一个假设中是自由的,把该假设称作 $H\{u\}$。然后,我们引进两个缩写,$\forall_H$ 和 $\exists_H$,它们可以像量词 $\forall$ 和 $\exists$ 同样地应用。此外,$\forall_H x(R)$ 和 $\exists_H x(R)$ 分别同义于 $\forall x(H\{x\} \to R)$ 和 $\exists x(H\{x\}$ 与 $R)$。这两个符号称为"典型"量词,而紧接在这种典型量词之后的变元称为由 H 决定的"类型"的"典型"变元。

现在我们可以看出,(d′6) 可以加强为下列形式:

(d″6) 如果 R 是 P 真的,且 u 在 P 的一个假设 $H\{u\}$ 中而不在其他假设中是自由变元,则 $\forall_H u(R)$ 是 P 真的。

所有演绎规则都能以类似的方式推广,同样,同义性规则也是如此,只要同义性用 P 等价来取代。于是,一个证明 P 由一串 P 真关系式构成,这些关系式的顺序要这样安排使得其中每一关系式的 P 真性都可以由其前面的关系式通过运用上述规则明显得出。一个理论是数学正文中的一节,它由许多证明构成,这些证明为方便起见集中在一起,比如说由于它们全都具有某些共同的假设,这些共同的假设就称为理论的公理。如果 T 是一个理论,关于 T 的公理的 T 真的意义就完完全全像关于一个证明 P 的假设的 P 真的意思一样去解释。对典型量词同样也适用。理论 T' 称为理论 T 的前身,T 称为 T' 的扩张,如果 T' 的公理除包含 T 的所有公理之外还加上一些其他的公理。一个理论 T 称为矛盾的,如果可以找到关系式 R,使得"R 与非 R"是 T 真的。证明一个关系式 R 为 T 真的最好方法是证明:具有 T 的公理并以非 R 为附加公理的理论 T' 是矛盾的(reducio ad absurdum,归谬法)。

众所周知,所有数学理论可以认为是一般集合论的推广。因此,为了阐明我对数学基础的立场,我只需陈述我对集合论所用的公理。这些公理如下:

$E(1) \forall x(x = x)$

$S(1) \forall \cdots [(x = y) \rightarrow (R\{x,y,x\} \rightarrow R\{x,y,y\})]$

其中符号 $\forall \cdots$ 是指量词 $\forall$ 是运用于在它右边关系式中的所有自由变元。

只有上述两条公理的理论(它是集合论的前身)称为等式理论。在该理论中,我称关系式 R 是"一个变元 x 的函数",如果 x 是 R 中的一个自由变元且下列关系式为真:

$$\left[\exists\,x(R\{x\})\right] \ 与 \ \left[(R\{x\}\ 与\ R\{y\})\rightarrow(x=y)\right]$$

其中 y 是一个变元,但并非在 $R\{x\}$ 中出现的任何变元。

如果 R 是变元 x 的函数,我们就可以引进一个缩写,称为"函数符号",与可能(且的确)在形状及外观方面变化多端,只是它通常要含有 x 以外的在 R 中的自由变元,例如,如果 f_R 是这个符号,则 $x=f_R$ 同义于 $R\{x\}$。当然,这无非就是逻辑学家全都熟知的 ι 符号;还有一个可能"消去"这个符号的定理[关于证明,请读者参考 B. 罗素(B. Russell)的论文],只要它一直用 ι 记法来表示。但是,我并不清楚这样一个证明对于数学研究工作者有什么用处,因为数学家用的符号比逻辑学家用的要远远不够完备,但是却紧凑和实用得多,即使在用这些符号时没有考虑到某些没有写下来的规则,也很难对某个符号引起误解。

等式理论的一种扩张是配对理论,其中用到符号 $|$。对于这个理论,我规定下列公理:

$E(2)\ \forall\,x\,\forall\,y\,\exists\,z(z\mid xy)$

$E(3)\ \forall\,x\,\forall\,y\,\forall\,z\,\forall\,t[(z\mid xy\ 与\ t\mid xy)\rightarrow(z=t)]$

因此关系式 $z\mid xy$ 是 z 的函数,这样我可以引进一个函数符号,我选的符号是 (x,y),它满足 $z=(x,y)$ 同义于 $z\mid xy$。经过这样的选择之后,符号 $|$ 就无须再写了。用这个新符号,

配对理论的最后一条公理可以写为：

$E(4) \forall x \forall x' \forall y \forall y' [((x, y) = (x', y')) \rightarrow (x = x')$ 与 $(y = y')]$

配对理论的扩张是 $\in$ 关系理论，为了写下它的第一个公理，我引进缩写 $\subset$，使得关系式 $x \subset y$ 同义于 $\forall z(z \in x \rightarrow z \in y)$，于是第一个公理就是：

$E(5) \forall x \forall y [(x \subset y$ 与 $y \subset x) \rightarrow (x = y)]$

现在我引进典型量词 $\forall$ 集，$\exists$ 集，其定义如上面那样由关系式 $\exists u(u \in x)$ 解释。我规定下列格式为公理：

$S(2) \forall \cdots \forall$ 集 $E \exists X \forall x [(x \in X) \leftrightarrow (x \in E$ 与 $R)]$
其中 X 是一个在关系式 R 中不出现的变元。

最后的一些公理是：

$E(6) \forall$ 集 $X \exists Y \forall Z [(Z \subset X) \leftrightarrow (Z \in Y)]$

$E(7) \forall$ 集 $X \forall$ 集 $Y \exists W \forall z [\exists x \exists y(x \in X$ 与 $y \in Y$ 与 $z = (x, y)) \leftrightarrow (z \in W)]$

$E(8)$ 策梅罗(Zermelo)公理(为了方便地表述它，最好首先发展具有前面诸公理的理论)。

最后，我写下一条公理，具有一个自由变元 E，表示 E 是一个无穷集合,即存在 E 的一个子集族,其中包括所有单元素集合,它在并下封闭,但 E 不属于它。

我宣称,我可以在这些基础上建立当今整个数学,并且,如果说,我的做法中有什么独创性,它只是在于这样一个事实,我不单单满足于这样的宣称,而是用像迪奥金尼证明运动存在的方法一样一步一步地证明它,随着我的书出版得越来越多,我的证明也将变得越来越完全。

（胡作玄译）

布尔巴基论数学

数学的未来①

韦 伊

庞加莱在罗马会议的报告中谈到数学的未来时说过："从前有过那么一些预言家,他们反复说什么所有问题都已经解决,剩下的事只不过是再把答案磨光而已。"接着他又补充道:"但是,这种悲观论者总是被迫退却……因此,我觉得今天已经没有人还抱着这种想法了。"

现在,我们对于进步的信念,我们对文明的信心不再那么坚定了,这些看法已经被极为激烈的打击所动摇。对我们来说,像庞加莱那样毫不犹豫地把过去、现在"外推"到未来似乎并不那么合理了。假如要去问数学家关于数学的未来的看法时,那么他就有权提出更为根本的问题:人类给自己准备一个什么样的未来?四五千年来人类坚持不懈的艰苦努力的成果,我们的思想方式难道只不过是昙花一现?假如说我们担心陷进形而上学的讨论而宁愿留在现在也不怎么

---

① 原题:L'Avenir de la mathématique。本文译自:F. Le Lionnais 编的 Les grands courants de la pensée mathématique,Cahiers du Sud,1948:307-320.

牢靠的历史学领域中,也会重新出现同样的问题,只不过用另外一种方式来表达:我们是否正在眼看着我们的文明开始消亡?是否我们应该抛弃创造性劳动这种自私的欢乐,而去把我们的文化的本质要素加以整理,这只是为了把它们保存下来,以便有朝一日在新的文艺复兴破晓之际,我们的后代可以发现它们完好无损?

这些问题绝不是纯粹词句上的。每个人的回答,甚至于(对于这类没有答案的问题)每个人面对它们的态度,在很大程度上都依赖于他精神追求的方向。在论述数学的未来之前,正式提出这些问题是完全必要的,正如信徒在求神谕之前需要涤除心灵上的邪念一样。现在,我们来问询命运。

在我们看来,数学是我们思想的一种必要的形式。的确,考古学家和历史学家曾向我们揭示过一些文明,其中数学并不存在。要是没有希腊人,没准数学仍旧只不过是一种为其他技术服务的技术,很可能我们会亲眼看见那样一种人类社会产生出来,其中数学就是那种样子。但是对于我们这些人,肩负着希腊思想传统的重担,步履艰辛地行进在文艺复兴的英雄们所开辟的道路上,没有数学的文明简直是不可想象的。正像平行公设一样,数学能幸存下去的公设也已经在我们的心目中失去了其"明显性"。对于平行公设我们不再需要明显性,可是,要是没有后一公设,我们就不能继续前进。

的确,诊断思想的医师,如果不去冒长期预测的风险,只把他的预后诊断局限于最近的将来,那当他检查当代数学时,就会看到不止一个有利的症候。首先,当某种科学像现在一样,把自己几乎无限的权力赋予一个无情占有其成果的人,就会逐步形成等级集团的垄断,成为极其严密封存而保护起来的财富,这对于任何真正的科学活动都是致命的,而真正的数学家似乎不会受到权力的诱惑或国家秘密紧身衣的束缚。G. H. 哈代(G. H. Hardy)在他著名的就职演说中说:"数学是一门无用的科学。我的意思是,它既不能直接为我们人类所利用,也不能直接造成人类的绝灭。"在当前,肯定只有少数人能够完全自由自在地作为数学家来进行他们的智力活动。即使某些国家的官方意识形态有时攻击他个人,他们也从来不参与对他的定理进行评判。时时有所谓的数学家,为了讨好当权派,试图给他的同行们加上某种正统的束缚,他们所得到的无非是对他们的工作成果的轻蔑。让别的科学家在当权者的候见室纠缠,争吵着要得到价格昂贵的仪器设备吧,他们没有这些就不用想沾诺贝尔奖奖金的边;而数学家的全部需要只不过是笔和纸,有时甚至没有笔和纸也行。对于数学家,也没有诺贝尔奖奖金诱惑他放弃掉成熟很慢的工作,而去追求昙花一现的光辉成果。全世界处处都在教数学,这里好一些,那里坏一些;被流放的数学家——当今谁又能打包票不被流放?——到处都能找到维持普通生活的谋生手段，使他还能在某种程度上继续他的工作。甚至在监狱里，只要他有勇气干到底，一个人也能研究出好的数学成果来。

除了这些"客观条件"（或者，最好用医生的话讲，外部症候）之外，还必须加上通过更深入的临床检验所揭示的其他症候。最近，数学已经通过一个成长的危机而显示出其生命力。这次危机我们已经习惯了很长时间，而且我们给它取了个奇特的名称："基础危机"——数学熬过来了，不仅没有受到损害，反而获益匪浅。每当数学推理的领域扩展到更大的领域时，就有必要问一问，在开发这块新领域时允许用什么技术？人们要求某些对象具有某种性质，要求某种推理模式是被允许的，做法要同过去实际情况一样。但是在这方面进行开创的先驱者们很清楚地知道，有朝一日警察会把这种无秩序的状况结束，把一切置诸普遍法律的控制之下。因此，当希腊人头一次足够精确地定义两个量的比时，就引起不可公度量的存在问题，他们似乎相信并且要求所有的比都是有理数，并且把他们几何推理的最初草图奠定在这个临时假设的基础之上，而希腊数学某些最伟大的进展就是同他们在这点上最初的错误联系在一起的。同样，在函数论和无穷小演算时代的开头，人们也希望每一个解析表达式定义一个函数，而且每个函数都具有导数，今天我们知道这些要求是互不相容的。最近一次危机，是由"素朴"集合论的出现所提供的诡异的论证方式所产生出来的，它给我们引导出相当不错的结果，以至于我们可以认为它已经最终建立起来。我们已经学会把整个数学追溯到单一的源泉，它由几个符号和这些符号的几条使用规则组成。无疑这是一个攻不破的堡垒，虽然我们很难藏身在其中而不遭受到饥馑的风险，但是我们总可以在局面捉摸不定和有外界危险的情况下自行决定退居其中。只有少数思想落后的人仍坚持这样的立场：数学家必须依靠他的"直觉"来得出新的"非逻辑的"或"前逻辑的"推理要素。如果某些数学分支还没有公理化，也就是还原成这样的陈述方式，其中所有名词都用集合论的基本概念来定义，所有公理都用集合论的原始概念明确表示出来，那只是还没有足够的时间让我们这么干。当然，很有可能有朝一日我们的后代会要求把我们所不允许的推理方式引进集合论，甚至很有可能以后用我们现在所用的推理模式发现今天我们还没有看出的矛盾的萌芽，虽然近代逻辑学家的工作说明这种情况出现的可能性很小很小。到那时，就需要进行一次全面的修正，不过即使在现在我们也能肯定，数学中最本质的要素不会受到影响。

但是，如果说逻辑是数学家的卫生保健措施，那逻辑并不是他食物的源泉，而大问题才是供他繁衍发育的日常吃的面包。希尔伯特说：

一门科学分支只要能提供大量的问题，它就充满着生气,而缺乏问题则是死亡的症候。

　　在我们数学中肯定不缺少大问题。现在要列出一个问题表也不错,正如希尔伯特在他的著名演说中提出的那样,上面我们引用的那句话就是在这个演说中讲的。即使在希尔伯特的问题中,仍然有几个问题离我们很遥远,虽说它们还不是不可达到的目标,它们或许继续给不止一代人提供研究课题,其中第五个关于李群的问题就是一个例子。黎曼猜想,在人们放弃用函数论方法证明它的打算之后,现在似乎出现了新光明。它表明它与 E. 阿廷关于 L 函数的猜想密切相关,这样一来使得这两个问题成为同一算术—代数问题的两个方面。而对这个问题,对于给定数域同时研究其所有分圆扩张无疑起着决定性的作用。高斯的算术集中在二次互反律的周围。现在我们知道,二次互反律只不过是"类域"诸定律的头一个特例(我们最好说是第一个范型),而这些定律是决定代数数域的阿贝尔扩张的定理。我们也知道怎样表述这些定律使得它们看起来是一个紧凑的整体。虽然它从这个侧面看上去实在赏心悦目,但是我们却不知道是否还有更深刻的对称性潜藏其中。由域的自同构在类群中所诱导的自同构,非循环扩张中范数剩余的性质,当基域为其扩张域(例如次数无限增大的循环扩张)所取代时过渡到极限(归纳极限或射影极限)的问题,对于所有这些问题,我们几乎一无所知。也许在研究这些问题时,我们能够找到解决黎曼猜想的钥匙。与这些问题密切相关的是研究阿廷前导子,特别是在局部情形求出其表示,使得表示的迹可以用单特征标表示,而系数等于其前导子的指标。为了深入探索非阿贝尔扩张的神秘,这些也可能是必须遵循的某些方向。现在我们很可能正在接近这个特别丰富多产的原理,一旦在这条道路上迈出决定性的一步,我们就很可能接触到以前连想也很难想到其存在的广大领域。因为,不管我们把高斯的结果推广多远,我们都不能声称我们已经远远离开了它。

甚至在阿贝尔扩张的领域,对克罗内克(Kronecker)的"青春之梦"定理的推广,我们还没有取得任何进展。这就是通过解析函数的值来生成类域,虽然其存在性已经知道。虽然完成克罗内克的未竟之业,通过复数乘法得到这个问题在虚二次数域的解可能已经没有很严重的困难,希尔伯特认为其一般问题是现代数学最重要的问题之一。尽管希尔伯特有种种猜想以及他许多学生的努力,但找到解决这个问题的关键仍然非常渺茫。也许我们必须在 C. L. 西格尔(C. L. Siegel)新的自守函数(例如多变元模函数)中去找?或许最近取得相当进展的阿贝尔簇的自同态理论对解决这个问题有点帮助?也许对这些问题冒险提出可靠的猜想现在还为时尚早,但是仔细考虑上面这些问题肯定会得出有趣的结果,哪怕是反面的结果也好。

上面的讨论不仅清楚地显示现代数论的生机勃勃,而且显示它与群论与函数论的最深刻的部分之间的紧密联系,在这方面今天也正像欧拉的时代和雅可比(Jacobi)的时代一样。这种以如此多彩多姿的方式表现出来的丰富的统一性,在其他许多地方也同样可以找到。C. 埃尔米特(C. Hermite)在数论中引进连续变元引发对于具有算术性质的不连续群的系统研究,而研究工具则借助于这些不连续群所能嵌入的连续群、与这些群相关联的对称黎曼空间、它们的基本域(或用现代的术语来讲,它们的商空间)以及属于它们的自守函数。西格尔的工作继承了狄利克雷、埃尔米特和闵可夫斯基(Minkowski)的伟大传统,已经在这方面开辟了全新的途径。一方面我们联系上费马、拉格朗日(Lagrange)、高斯关于用型来表示数以及二次型的种的工作。同时,我们开始更明显地见到一个极为富有成果的原理。按照这条原理,算术问题的全局方面在某些情形下可由其局部方面重新构造出来。例如,我们从西格尔的工作中一再地看到某些算术问题在有理数域中的解数可由相应的局部问题所决定的数目(在实数域以及对所有素数 p 的 p-adic 域中解的密度)表示出来。这个原理类似于代数曲线的黎曼曲面的留数定理,我们还可以把它同"奇异级数"联系在一起,这个级数是哈代-李特伍德(Littlewood)方法在解解析数论问题时所出现的。是否可以把这个原理表述为一个普遍的命题,就像由于留数定理的发现使得我们能通过单独一种方法来计算出许许多多积分和级数,而在这之前,这些积分和级数都要用不同的特殊方法分别加以计算? 看来它还不是一个马上就能解决的问题,但更重要的是研究适当选定的特殊情形准备予以解决。可能有朝一日,这个原理能揭示出欧拉乘积的存在性的深刻理由,它对于数论及函数论的重要性只是通过 E. 海克(E. Hecke)的工作才逐步变得明显起来。这里我们讨论的是二次型的类,而不像西格尔的工作那样只讨论它们的种。同时,在模函数理论(它由于这些研究完全获得新生)以及 θ 函数理论中的核心部分中我们也看到它。这个领域仍然充满了神秘,它引起如此众多、如此神秘的问题,以致我们能按照它们重要性的顺序加以排列还为时尚早。

但是,西格尔同时教导我们,在如何通过算术方法构造不连续群和自守函数这个领域,从庞加莱时代起,单纯函数论已不能使它前进一步。的确,这很像单复变函数论的情形,深入研究特殊的多复变函数将为研究一般的理论打下基础。在西格尔的工作中,对基本域(实际上是具有复解析结构的流形)所进行的局部的和大范围的几何研究,倾向于起着突出的作用。沿着这条路走下去,就同 E. 嘉当所完成的巨大工作及其在各方面的推广产生联系。同时,我们也进入近代拓扑学的中心——纤维空间理论。这时史梯费尔(Stiefel)-惠特尼(Whitney)不变量以及它的许多推广出现了,这两个领域之间早已被认识到存在着密切联系。但是它们之间交会点的出现只有在中国几何学家陈省身的发现后才有可能，而这个发现至少一部分是出于代数几何的考虑。实际上，代数簇，至少复数域上没有奇点的簇，只不过是具有复解析结构的流形中特殊的但特别有趣的一类；更精确来讲，它们是这样的流形，至少在所有已知的情形下，其上可以定义一种最重要的埃尔米特度量。这种度量是由 A. 凯莱（A. Cayley）引进的，与多复变函数有关，而且还没有完全阐述清楚的 S. 伯格曼（S. Bergman）的结果也提供了这种度量的另外的例子。最近，浩治（Hodge）通过系统地但还不太明显地运用这些度量首次得到这种类型流形的头一个存在定理。这个定理推广了黎曼的古典结果。也许，希望这些方法有朝一日会导致代数簇的单值化（与曲线的情形相反，它一般可能不能用非分支函数来单值化）可能太过分，但它已经可推广到第二类和第三类积分，无疑为一般的黎曼-洛赫（Roch）型定理铺平道路。把浩治方法类似地推广到实数域上具有奇点的微分形式上会产生更为重要的问题。它一方面关系到调和微分形式所满足的椭圆型方程组的局部性质。另一方面，似乎与德·拉姆（de Rham）理论的推广不可分，而这就可以通过具有奇点的微分形式来表示一个流形的同调挠元。事实上，如果说德·拉姆的结果明确地阐明同调群和重积分关系的某些方面，而且由此在浩治和陈的工作中起着重要作用，那么直到现在，微分方法除了实系数同调群之外，还无能为力。此外，在这些结果中显示出链与微分形式之间有着强大的、富有成果的类似性。但是，在我们成功地发现这两个概念的共同基础之前，它仍然只不过是一个启发思考的原则，而把这个原则转变成一个证明方法至今也只在少数特例中取得成功。例如，阿尔福斯（Ahlfors）近年来这样做给解析函数论以新的生命。他成功地把微分形式表示为链之和〔通过链空间的拉东（Radon）测度〕。

但是，通过上面我们已看到，代数几何学也从拓扑学和微分几何学的最近发展中获得新的刺激。这个领域也不缺少纯代数的问题，由于近世代数学的初等方法，我们对它们的理解再也不需要依靠少数特殊人物的直觉的一闪念了。当今，被意大利学派光辉地而且极为迅速地发展起来的曲面理论，必须让位于代数簇的一般理论，其中不再对基域的性质以及没有奇点等做出限制性的假定。其中首先需要解决的问题是在各种不同的已知的等价概念（线性等价、连续等价、数值等价）之下除子类群的结构，以及代数函数域的非分支扩张（先是阿贝尔扩张，然后是非阿贝尔扩张）的研究。由于意大利几何学家所得到的结果，至少是他们弄得比较可靠的结果，使我们多少能猜出答案来，而这些问题的解决也许已经在我们的能力范围之内，它必将开辟取得重大进展的途径。关于各种特殊常数域上代数几何学的研究还是处于初步摸索的阶段。而复数域上的代数几何学已经研究了差不多一个世纪了,它通过自己的方法(拓扑方法和超越方法)已经得到众所周知的重要结果,由此看来很可能其他的域,如有限域、p-adic 域、代数数域也需要通过适合本身目标的方法去进行研究。从这种观点看来,有限域上的几何学似乎像一种转盘,从它可以导向各方面研究,或者通向代数几何学本身(利用已经被它使用的有力工具),或者通向数论,在这方面,正是由此我们开始对 θ 函数的性质以及黎曼猜想的本性得到更深刻的认识。同样,在通过其局部性质来决定代数数域的扩域之前,或许最好去解一个类似的问题,这个问题也相当难,即考虑有限域上单变量代数函数域的问题,也就是把黎曼存在定理推广到这类函数上面。这里我们只提一下一个特殊情形,我们可以问:对于由模群结构决定的只有 3 个分支点的单复变函数域,以及常数域是有限域时(至少当扩域的次数与有限域特征互素时),素数次扩域这两种情形,模群是否起相同的作用? 这些问题也不是不可能都用一种统一的方法去解决,它可以由特征 0 时的证明(例如通过拓扑方法)结果推出特征 p 情形的相应结果。如能发现这样一个原理,那就成了最重要的进展。现代对有限群论的研究中所出现的问题也有同样的特点,而且还更困难一些,有限单群理论与单李群理论有没有类似之处?在当前开始研究这个问题可能为时过早,但是通过间接步骤,特别是研究 p 群,近年来已经在这方面取得某些进展。正如许多其他代数及数论问题一样,通过给抽象群定义同调群,给群论引进了新的因素。它是由艾伦伯格(Eilenberg)和 S. 麦克莱恩(S. MacLane)引进的,这是他们联系到 H. 霍普夫(H. Hopf)关于纯粹组合拓扑学的研究而得出的。它的发现推广了十分富有成果的特征标和因子组的概念。然而在我们对它的应用范围及其可能性做出估计之前,恐怕还需要一段时间进行系统的研究。

如果说,算术在其最广泛的意义下,对于献身于它的人看来总是数学的女王;如果说,正因为如此,我们特别喜爱埋头钻研其中的问题,这并不是说其他的数学分支不能提供值得不懈努力去解决的问题。单是 E. 嘉当的工作就包含足够多的内容,够好几代几何学家忙的。他关于对合方程组的一般理论并没有完成,看来他还不能克服其中涉及的所有代数方面的困难。至于"无限李群"的理论,无疑是极为重要的,但是对我们来说是如此的模糊不清,以至于除了 E. 嘉当论文中可以看到的结果之外,我们什么也不知道,这些论文就好像是对几乎深不可测的丛林第一次进行探险;如果不马上进行十分必要的清理工作,那丛林就会滋生蔓延把已经标示出来的路径都给埋没了。现代的李群理论是通过 E. 嘉当的方法和近世拓扑学的方法结合起来进行研究的,它还远远没有完成,甚至连半单李群以及与之相关的对称黎曼空间理论也是如此,而我们所知道的一些结果也都是利用我们关于所有单群的知识(也来自 E. 嘉当)通过事后的验证得到的。但是,正如我上面已经提到的,现在我们主要是在纤维空间的拓扑理论中,在德·拉姆定理中,在同伦群的概念中找到最适于对 E. 嘉当的广义几何学进行大范围研究的工具。我们只举一个例子,古典的高斯-邦内(Bonnet)公式,直到最近唯一的结果是拓扑不变量通过不变微分形式的积分来表示,现在看来这只不过是整整一串公式的头一项,陈省身的方法使我们能接近这些公式,但对它们进行系统研究只不过刚刚开始。

但是,即使说对合方程组原则上使我们能得到所有可以归结成偏微分方程理论中柯西-柯瓦列夫斯卡娅(Kova-levskaya)局部问题的结果,这只不过是偏微分方程解的存在性问题的一个方面。而且从几种观点看来,它还不是最有趣的方面。除此之外,对于一些非常特殊类型的方程(主要是椭圆型方程和双曲型方程)也存在重要的结果,其中有一些是最近才得到的。虽说早在 100 多年前我们的前辈在数学物理学的引导之下已经对这些类型方程进行研究,至今还远远不够完备,但是,它不会老停留在现在这种情况下。像多复变解析函数的实部所满足的方程组就不属于这些简单类型中的任何一种。还有用函数论的固有方法,我们知道,比如说它们可能具有最一般的奇点,在某种我们还很难确切描述的意义下,由某些所谓特征簇的初等奇点构成。不管怎么说,至少它能解释哈套格斯(Hartogs)定理和 E. E. 列维(E. E. Levi)

定理。在这种形式下,它们表现出同双曲型方程的已知结果
有着明显的类似性,正是这种类似性提示我们去寻求一个一
般理论的萌芽,其中可以更完备地发展特征簇以及基本解的
概念。在德尔萨特的工作以及 S. 伯格曼和他的学生们的工
作中,我们看到通过积分算子或积分微分算子对微分方程进
行变换的头一批例子。看来在这里我们有了完全新的发展
以及对偏微分方程的分类的新的原理,而这完全是古典方法
所得不到的。特别如德尔萨特的工作所证明的,由椭圆型问
题所自然导出的正交函数级数可以变换成一般类型的级数,
其中个别的例子已经在古典分析中碰到过,但对它进行一般
的研究提出了最有兴趣的问题。虽然现在数学家逐渐熟悉
希尔伯特空间就像他们熟悉泰勒(Taylor)级数或者勒贝格积
分一样,但在这里他们再也不能满足于希尔伯特空间了。是
否他必须要从 S. 巴拿赫(S. Banach)空间理论中寻找更适当
的工具?是否他必须求助于更一般的空间?必须承认,虽然
巴拿赫空间已经被证明是非常有趣、非常有用的,可是它并
没有像某些人期望的那样,给分析带来革命。不过,在对它
的各种应用的可能性进行更充分的探讨之前,现在最好还是
不要灰心丧气而放弃对它进行研究。然而,也有可能巴拿赫
空间理论过于一般,以致难以像希尔伯特空间理论那么精
确。同时又过于特殊,以致在研究最有意义的算子时不能派
上用场。例如,它不能包含无穷可微函数的空间,但

L. 施瓦尔兹的算子只能定义在这个空间之上，而这些算子形式地表示任意函数的各阶导数。或许这里我们要找的是建立在广义斯托克斯定理的基础上的新的微积分的基础，这可能使我们更接近微分算子和积分算子之间的关系。这种思想在某些特殊的问题上已经派上很大的用场，例如在变分法中它是以哈尔引理的名称出现，同时在弗雷德里克斯（Friedrichs）的论文中也有过。同样，还有一个熟知的定理，它断言调和函数在一个圆周上的平均值等于它在圆心的值，这表示由平面上某种质量分布所定义的一个算子，在某种意义下，是由圆周界定的闭区域上的拉普拉斯算子的值的线性组合。与这个问题有联系的是上面提过的一个问题，即把微分形式表示为链的和，这是由德·拉姆理论引出的。很可能在我们这些研究中描述出一个算子演算的大纲，它在一两个世纪之内注定是一个强有力的工具，就像微分法对于我们的前人和我们自己一样。

所有这些都只是涉及偏微分方程的局部及半局部研究，而对偏微分方程的大范围研究（比如在紧致解析流形上），除了可以用希尔伯特空间理论或者用变分学的直接法处理的简单情形之外，似乎过于困难以致不能指望在相当长一段时期之内着手进行。但是，对于常微分方程理论的大范围研究已经提供大量有趣的问题，这些问题很难，但还在我们能力所及的范围之内。作为一个例子我们只需提到 E. 霍普夫

(E. Hopf)最近一个漂亮的证明,即每个曲率处处为负的紧致黎曼流形上的测地线具有遍历特性。另一个与这个课题有关的是关于范·德·波尔(van der Pol)方程以及松弛振荡的研究,这是当代物理学给数学提供的很少几个有趣的问题之一。对大自然的研究原来是数学上大问题的主要源泉之一,而近年来,它由数学得到的反而比给予数学的还要多。

可是,我的同行们虽然会感到我上面列举的问题很不完备,但无疑还是会使不止一位读者感到厌倦,觉得顾不过来。然而,由于篇幅不够加上我能力所限,我没能谈到数之几何、丢番图逼近,也没能谈到变分法、概率论或流体力学,我还根本没提到一些有着有趣背景的问题,这些问题也许会由于新思想的引进而重新活跃起来,恢复数学的生气。事实上,我既不能够也不打算给数学的未来发展指明一条道路,这样做肯定是劳而无功的,实际上是在干一种可笑的事业,因为未来的大数学家正如过去的大数学家一样,总不会走老路。他们会通过我们想不到的关系用新观点看问题,去解决我们留给他们的大问题,而这种关系我们由于缺乏想象力是难以发现的。我们的目的是,在评述一些主要数学分支的过程中,使人们注意到这些问题在生机勃勃苗壮成长的同时,它们之间又有内在的统一性。我相信我已经表明,数学中不仅存在大量问题,而且真正重要的问题没有不同其他问题密切相关的,虽然它们乍一看来似乎相距甚远。当一个数学分支除了专家以外不能引起任何人的兴趣时,它就几乎濒于死亡,至少是危险地接近于瘫痪,而把它们从这种状况中解救出来的唯一办法,那就是把它们重新浸泡到科学的生命源泉中去。希尔伯特在他 1900 年的报告结束时说(这里更适于完全引用他的结论):

数学是一个有机整体,它的生命力正是在于它各部分之间的不可分割的联系。

是不是这就意味着数学正在变成一门博学之士的学科?是不是数学家非得经过多年彻夜攻读积满尘土的典籍之后才能进行创造性的工作?其实这也是一种退化的征兆,因为不管数学是强是弱,数学科学的繁荣昌盛并非靠长期艰苦辛勤劳动去收集细节、耐心攻读,靠观察或者靠整理卡片,一张一张积累起来形成一大捆,从中最后产生出思想来。很可能思想是完整地从其创造者的头脑中产生出来的,这点对于数学要比任何其他学科更为可能。并且数学才能通常在年幼时期就表现出来,二流人物在数学中起的作用要比在其他地方小得多,正如声音的共鸣箱的作用对于声音的产生毫无贡献一样。许多实例表明,在数学中,老年人能够做出有用的工作,甚至有启发性的工作,但是在任何情况下,他们很少会让我们充满惊奇和敬佩。因此,如果数学继续沿着它直到现在对其学者所显示的道路发展下去,那在不止一个课题中所充满着的技术复杂性就只不过是表面或暂时的现象。未来也会像过去一样，伟大的思想必定是简化的思想，其创造者必定总是给自己也给别人澄清最复杂的公式和概念体系的人。实际上希尔伯特就经常扪心自问："是不是单独一个研究工作者越来越不可能掌握我们科学的全部分支？"他的回答是否定的，他不仅通过他本人的范例证实这一点，而且还提出数学上任何重大的进展都是同方法的简化联系在一起的，同不再有用的旧方法的消失和原先互不相关的分支统一在一起密切相关的。例如，阿坡隆尼斯（Apollonius）的同时代人或者拉格朗日的同时代人，可能都非常熟悉我们今天所感觉到的好像要把我们压垮的那种越来越大的复杂性。毫无疑问，现代数学家肯定不会像阿坡隆尼斯或者参加教师学衔会考的应试者那么清楚圆锥曲线的细节，但这并不能使任何人都认为圆锥曲线论应该成为一门独立的科学。可能我们最感到骄傲的理论也会有同样的命运，而这种情况的出现对于数学的统一性并不会有任何威胁。

危险来自别处。虽然危险具有比较偶然的特性，但同样使我们感到严重。我们似乎不能对此不置一词而得出关于数学的未来的结论。上面已经提到，我们的文明本身似乎已从各方面受到攻击，但是我们用的词似乎太一般了。作为数学家，我们必须注视当今世界。我们的传统是健康的，我们是否能够保证让它不受损伤地传下去呢？在欧洲的某些国家，特别是希特勒上台之前的德国，也是在不长的一段时期之内,其大学教育体制建立在稳固的中学教育之上,它保证数学学生除了获取事业知识之外,也具有普通的文化知识。要是没有普通的文化知识,任何重要的事都干不成。可是,今天我们又看到些什么呢?在法国,在我们的大学里,不教现代数学中任何重要的分支,除非偶尔碰运气也许能遇到。在大学课程中,我们费尽心机也无法发现,有什么课程能够使高年级学生接触到一个我们刚刚列举的大问题。甚至科学也往往以这种方式进行教学。假如学生要提高,他就必须把所有东西重新学一遍。这种建立在过时的学院体制上的官僚机构的极端僵死的作风就是所有现代化的努力注定要失败的原因,除非这种努力只是停留在口头上。意大利原先也有一个繁荣的数学学派,现在似乎也和法国一样受到同样的威胁,陷入一种僵化状态。但是在意大利其结果要更为直接,更具有破坏性。我们不知道苏联的中等教育和高等教育的指导原则是什么。苏联有许多第一流的数学家,但是似乎绝对禁止他们出国。如果这种做法坚持下去,长此以往,除了所有科学活动停滞下来之外不会有其他结果。数学最遥远的历史和最近的历史都充分表明,一个国家和其他国家的接触,不是两次班机之间盛大的祝酒会,而是学生和教师在国外大学长期居留,这对于整个事业的进步是多么重要和不可缺少的条件。我们相信在英国和某些军事开支很少的西欧国家可以找到更有利的条件。至于德国,只有未来能够表明,她是否能够找到被有组织的愚蠢行为所中断的光辉传统接过来再传下去的必要因素。最后,在大西洋彼岸,我们见到一个大国,有成百所大学,有几十万大学生,但是用美国伟大的教育问题专家 H. 莫利森(H. Morrison)的话说:

我们需要(大规模)群众教育,我们有的是教育的大规模生产。

T. 凡布伦(T. Veblen)有一次在一本读者很少的小书中描绘美国高等教育计划,而且是以专家自居的。我们只指出其中讲如何在美国培养未来数学家,使美国产生的"数学家"比世界上所有其他国家加在一起还要多。可以看到,学生们在最有利的条件下,在他们大学生活结束之前的自由支配的三四年当中,同时要学到知识、掌握工作方法以及获取初级脑力工作的学徒资格,而且在能够有什么准备之前什么都不知道。在这种情况下,他唯一的出路就是选择最狭窄的专业并躲到里面去,这样,如果他头脑不笨并且有好的导师,那他就总能干点有用的工作。除非这样办,否则他就无法抗拒那种纯粹机械式的教学所产生的使人头脑僵化的效果。而且为了养家糊口,在自己已经长期深受其害之后,还要加害别人。是否在其他领域这种意义下的大规模生产能够产生出优良结果,我没有资格进行判断。我只是想表明,上面这段话已经足以说明,数学这样做是根本不行的。如果不幸在一个实际上缺乏牢固的精神文化传统的国家中,使每个人都受到教育这个言之成理的学说产生如此的后果,难道我们没有理由害怕这种传染病传播到已经被史无前例的灾祸削弱的欧洲来吗?

但是,如果我们像潘努惹那样对神提出很不合适的问题来请求神谕,我们得到的也将是潘努惹得到的回答:Trinck。这个意见,数学家很乐意接受,因为这使他相信他将能用知识之泉满足他的渴望,相信知识之泉永不枯竭地喷涌纯净而丰富的泉水,而其他人还在那里求助于肮脏不堪的现实世界中的污泥浊水。如果人家谴责他态度高傲,如果人家责令他完成分内任务,如果人家问他为什么非得顽固地坚持在冰川冻土之上,而除了他的同道就没有人能够生存下去,那他就会用雅可比的话来回答他们:为了人类精神的荣耀。

(胡作玄译)

数学史：Why and How[①]

韦　伊

数学与某些科学不同。那些科学的整个历史只不过是我们同时代的少数人的个人回忆，而数学不仅有历史，而且有着漫长的历史，至少从尤德摩斯（亚里士多德的学生）起，就已经写过数学史。因此"为什么"这个问题或许是多余的，也许最好把问题表达为"为了谁"。

写一般的通史为了谁呢？是像希罗多德那样为了受过教育的普通人？还是像修昔底德那样为了政治家和哲学家？还是像当今大多数人为了给自己的同行历史学家而写作？谁该是艺术史家的真正的读者？是他的同行、爱好艺术的公众，还是艺术家（这些人似乎对他来说没有什么用）？音乐史又如何呢？它主要牵涉的是音乐爱好者、作曲家、演奏艺术家，还是文化史家，或者它根本是一门独立行业，欣赏它的只局限于干它那行的人？同样的问题在著名的数学史家莫利

① 原题：History of Mathematics：Why and How。本文译自：Proceedings of International Congress of Mathematicians 1978，Vol Ⅰ，227-236，1980。

兹·康托（M. Cantor）、古斯塔夫·恩涅斯特隆（G. Eneström）、保罗·坦纳瑞（P. Tannery）之间进行过多年激烈的争辩。莱布尼茨也早已提起过这个问题，正如他提到过大多数其他主题一样：

> 它的用处不只是历史可以赋予每个人应有的地位，其他人可以盼望得到同样的赞誉，而且它还使发现的技艺得到推进，它的方法通过著名的例子而为大家通晓。

人类应该被不朽的声名的前景所激发而取得越来越高的成就，这自然是自古以来就传下来的老生常谈。我们似乎不像我们的前辈那么敏感，虽然可能因为我们没有花那么大力气。至于莱布尼茨的话的后半段，其主旨也是清楚的。他要求科学史家首先要为创造性的科学家或将要成为创造性的科学家来写作。当他写关于他"最宝贵的发明"——微积分——的回顾时，他心目中的读者就是这些人。

正如莫利兹·康托观察到的，在讨论数学史时，可以把它当成是一门辅助学科，也就是为了真正的历史学家提供按照时间、国家、主题、作者来排列的可靠的数学事实的表格。于是，它就成为技术和技艺史的一部分，而且不是重要的一部分，这可以说是完全从外部来观察它的结果。研究19世纪的历史学家需要某些由铁路机车促成的进步的知识，为此他必须依靠专家，但是他不必去管引擎如何运动，也不用管在创造热力学时花费的巨大的智力劳动。同样,对于研究 17 世纪英格兰的历史学家来说,航海表和其他航海用的辅助设备也没什么重要,但是牛顿的作用最多给他提供一个脚注。比起数学家 I. 牛顿(I. Newton)来,牛顿作为造币厂厂长或者是某位大贵族的情妇的舅舅更引起他的兴趣。

从另外一种观点来看,数学偶尔可能给研究各式各样的文化的相互作用的文化史学家提供一种"探测器"。正是这个才比较接近于我们数学家的真正兴趣所在。但是,即便在这方面,我们的态度和职业历史学家的态度也有着显著的区别。对于他们来说,在印度某个地方发现的一枚罗马古钱有着十分肯定的意义,而对数学理论来说,那就不是这样了。

这并不是说,在文化环境十分不同的地方,一个定理可能不会一而再地重新被发现。某些幂级数的展开似乎在印度、在日本、在欧洲都曾独立地被发现过。J. 佩尔(J. Pell)方程的解法先是在 12 世纪由印度的巴斯卡拉(Bashkara)所解决,后来又在费马提出的质问下,1657 年由沃利斯(Wallis)和布鲁克尔(Brouncker)所解决。我们甚至于还可以论证这样一种观点:可能希腊人早就已经知道类似的解法,说不定阿基米德(Archimedes)本人就知道;正如坦纳瑞提到过的,印度人的解答可能来自希腊;到现在为止,这当然还只是一个没有根据的推测。肯定没有人会提出这样的看法,即巴斯卡拉和我们 17 世纪的数学家之间有什么关系。

在楔形文字的文书中已经出现二次方程的代数解法，它在欧几里得（Euclid）的著作中又出现了。不过它披上几何的外衣，却全然没有任何几何的动机。数学家会觉得后面这种论述可以恰当地说成是"几何代数"，并且倾向于它和巴比伦有关系，即使还没有任何具体的"历史"证据。希腊语、俄语和梵语有着共同的起源，这一点并没有人要求用经典文献来证明，也没有人反对把它们都归到印欧语系中去。

抛开普通人和其他领域的专家的观点和希望不管，现在是回到莱布尼茨并考虑数学史价值的时候了。这两方面都是内在的，并且是从我们作为数学家来说自顾自的观点出发的。我们可以说，数学史对于我们的首要用途是把第一流的数学工作的"著名的例子"摆在我们的眼前，这同莱布尼茨的看法只不过稍有偏离而已。

那么，这还用得着历史学家吗？也许用不着。F. 爱森斯坦（F. Eisenstein）早年就已经因阅读欧拉和拉格朗日的著作而爱上了数学。并没有哪位历史学家告诉他去读这些著作，也没有人帮助他去读他们的著作。但是，在他的时代，数学进展的步调没有像现在这么令人激动。无疑，现在年轻人能够从当代数学家的工作中寻求典范并吸取灵感，但是，很快就证明这具有严重的局限性。假如他希望回顾很久以前的著作，他自己就会觉得需要某种指引，而这正是历史学家，或者具有某种程度历史感的数学家应该起的作用。

历史学家还在另一方面有所裨益。过去伟大数学家的生涯可能常常是单调乏味的,至少从普通人眼光来看似乎如此;对于我们来说,他们的传记对于使他们个人以及他们的环境和他们的著作活生生地出现在我们的面前有着不容忽视的价值。除了人们设想的阿基米德在保卫叙拉古中所起的作用之外,哪位数学家又不想知道关于阿基米德的更多的事情?假如我们只是依着我们的意思去印行欧拉的著作,难道我们对于欧拉的数论的认识还会是原封不动的吗?如果我们看到他居留在俄国,同哥德巴赫通信,几乎出于偶然的机会接触到费马的工作,以及在他的晚年开始同拉格朗日通信讨论数论和椭圆积分,难道这些故事不是使我们更千百倍地感兴趣吗?我们难道不会高兴地看到,通过他的信件,这样的人成为我们的密友?

然而,到现在我只是接触我的问题的表面。莱布尼茨建议我们研究"著名先例"不只是为了美学上的享受,而主要在于"推进发现的技艺"。在这个问题上,我们必须对于战术和战略从科学上加以明确的区分。

所谓战术,我理解为科学家或学者在某一时刻随心所欲地对于工具日复一日的掌握,这最好跟随一位有资格的老师学习或者钻研当代著作而学到手。对于一位数学家来说,可能他一时要用微积分,另外一个时候要用同调代数。对于数学史家来说,他和普通历史学家的战术有很多共同之处。他必须溯求他的文献的来源,至少在实际可行的范围内尽可能接近其本原。第二手材料是没有什么价值的。在某些研究领域中,必须学会猎取和阅读手稿,而在另外的研究领域则可以满足于已经发表的论著。但是,这时,对于它的可靠性或不太可靠的问题总要做到心中有数。一个不可避免的要求是对于原始资料的语言要有足够的掌握。在所有历史的研究中,一个基本的、合理的原则是:如果原件存在,翻译永远不能代替原件。幸运的是 15 世纪以后的西方数学史除了拉丁语和近代西欧语言之外,很少需要其他语言知识。对于许多问题来讲,法文、德文有时甚至英文就够用了。

与战术相反,战略表示认识主要问题,在其弱点处进行攻击,建立起未来的发展路线的艺术。数学的战略是涉及它的长期目标的,需要对于广泛的趋势以及长时期的思想演化有着深入的了解。这和恩涅斯特隆常常谈到的数学史的主要目标是不可分的,这就是"历史地考察数学思想"或者像坦纳瑞所讲的"思想的继往开来以及发现的来龙去脉"。这里就是我们正在讨论的学科的核心所在,而且幸运的是,数学史家按照恩涅斯特隆和坦纳瑞的说法所注意的主要方面对于任何除了他每天实践的手艺之外还要知道别的东西的数学家也具有最大的价值。

的确,我们所得到的结论还是不落实的,除非我们能就什么是数学思想、什么不是数学思想取得一致意见。对此,数学家难得去请教外行。用豪斯曼（Housman）（人家要他定义诗）的话来说，他可能不能够定义什么是数学思想，但是他似乎觉得，假如他闻到一种数学思想，他就能认出来。举例来说，他在亚里士多德关于无穷的思辨中，似乎看不到什么数学思想，在中世纪许多思想家关于无穷的思考中也是一样，其中甚至有些人对于数学的兴趣相当大，亚里士多德还从来没有那么大的数学兴趣。只有在 G. 康托尔定义了等势的集合并且证明了一些关于等势集合的定理之后，无穷才成为数学的思想。希腊哲学家对无穷的看法本身也可能很令人感兴趣，但是我们确实相信他们对希腊数学家的工作有很大影响吗？有人告诉我们，正是由于他们，欧几里得不得不避免讲存在有无穷多个素数，而用不同的方式表达这个事实。那么为什么他在几页之后，却说"存在有无穷多条线段"与已知线段不可公度？有些大学设立"数学的历史和哲学"的讲座，我想象不出来这两个主题有什么共同之处。

什么是"通常概念"（用欧几里得的话）的终点，哪里又是数学的起点，这个问题没有那么截然的划分。前 n 个整数的求和公式，它同"毕达哥拉斯"的三角数的概念密切相关，的确应该称为一个数学思想。但是对于初等的商用算术，我们又该说什么呢？同样这个主题，从古代一直到欧拉时代，为了混饭吃而粗制滥造出来的教科书有多少啊！正二十面体的概念很明显属于数学，那么对于立方体的概念、长方形的概念或者圆周的概念（它可能同轮子的发明是不可分的），我们是否也应该说同样的话呢？在文化史和数学史之间，我们有一段模模糊糊的地带，在哪里划边界线并没有什么大关系。数学家所能说的无非是，他越接近于跨越这条界线时，他的兴趣越使他踌躇不前。

不管怎么样，只要我们一致认为数学思想是数学史的真正对象，就可以得出一些有用的推论，其中一个推论被坦纳瑞表述如下：他说，毫无疑义，科学家能够具备或者获得使得他能在他那门科学的历史上做出卓越工作所需的所有品质，他作为科学家的才能越大，他的历史工作看来也会越好。作为例子，他提到沙斯莱（Chasles）对于几何学，还有拉普拉斯（Laplace）对于天文学，贝尔托莱（Berthelot）对于化学，可能他还想到他的朋友左衣坦（Zeuthen）。他可能还会举出雅可比，假如雅可比在生前发表他的历史著作的话。

不用再举例了。显然，从模糊或者不完全的形式中认出数学思想的能力，以及从许多装扮之下探测出来数学思想（在完全认清之前一般都隐藏在装扮之中）的能力，都很可能和超出一般的数学才能联系在一起。不仅如此，它还是这种才能的本质部分，因为发现的艺术在很大程度上在于能够紧紧抓住"虚无缥缈"的泛泛的思想，它们有些在我们周围飘来荡去，有些（引用柏拉图的话）浮上我们的心头。

　　为了研究数学史需要具备多少数学知识呢？按照某些人的说法，他不需比他计划要写的作者所知道的多多少；有些人甚至走得更远，甚至于说，谁知道得越少，他就以更为虚心的态度准备阅读那些作者的著作，从而避免因时代不合而犯错误。实际上反过来才是对的。不具备远远超出其表面主题的知识，那就很难对于任何时期的数学进行深入的理解。往往使人感兴趣的是：正好是最先出现的概念和方法，注定只有在以后才出现在数学家的意识当中。历史学家的任务就在于把它们揭露出来并且查明它们对于后来的发展有什么影响或者没有影响。时代上的错误在于赋予某位作者从来没有出现在他意识中的知识。把阿基米德看成是微积分的先驱（他对于微积分的创立者的影响不能过高估计）以及像有些人曾经做的那样，把他想象为微积分的早期实践者，这两者之间有着极大的区别。把德萨格（Desargues）看成圆锥曲线的射影几何的奠基者并非时代上的错误。但是历史学家必须指出，他和 B. 帕斯卡（B. Pascal）的著作很快就被人遗忘，只有庞塞莱（Poncelet）和沙斯莱独立地重新发现整个的学科之后，这些著作才能重见天日。

　　同样，我们考虑下面的断言：对数在 0 和 1 之间的数的乘法半群和正实数的加法半群之间同构。一直到现在我们才认识到其意义。可是，假如我们抛开字句不管，只考虑这个断言背后的事实，那么，J. 纳皮尔（J. Naper）发明对数时无疑对此也有很好的理解，只是他对实数概念没有我们那样清楚罢了。这就是为什么像阿基米德定义螺线那样，出于大致相同的理由，为了阐明其意义，不得不借助运动性的概念。让我们回溯更早一些，正如欧几里得在其《原本》中篇 V 和篇 Ⅶ 所发展的关于长度的比和整数的比的理论可以看成群论的最初的一章，这个事实由于他使用"交比"这个词来表示我们现在所说的比的比而确定无疑。从历史上来讲，音乐理论提供了整数的比的群的动机，这点是十分可信的，这同埃及对分数进行纯粹加法的处理是完全不同的。如果是这样的话，这可以说是纯粹数学和应用数学的相互作用的最早的例子。不管怎么样，不用群甚至算子群的概念，我们就不可能很好地分析欧几里得《原本》的篇 V 和篇 Ⅶ，因为讨论长度之比时是把它看成乘法群作用在长度本身的加法群上。一旦采用这种观点，欧几里得《原本》中这些篇就会失掉其神秘的特征，对于由此直接导向奥瑞姆（Oresme）和朱凯（Chuquet），接着导向纳皮尔和对数这条发展路线也就比较容易理解了。我们这样看，当然并不是把群的概念归诸其中任何一位作者，也不归诸拉格朗日，即使他搞过我们现在所谓的伽罗瓦（Galois）理论。虽然高斯没有造出这个词来，但他肯定对有限交换群有着清楚的概念。在他研究欧拉的数论时，对此已经有着很好的准备。

让我再多举几个例子。费马的命题表明他掌握二次型

$X^2 + nY^2$ ($n = 1, 2, 3$) 的理论,使用"无穷递降法"来证明。他并没有记录下来这些证明,但是后来欧拉发展了这个理论,他用的也是无穷递降法,所以我们可以假定费马的证明和欧拉的证明差不多。为什么无穷递降法在这些情形下取得了成功呢?对于懂得相应的具有欧氏算法的二次域理论的历史学家,这很容易解释。而二次域的理论如果改写成费马和欧拉的语言和记号,得到的正好就是他们用无穷递降法的证明,这正如 A. 胡尔维兹(A. Hurwitz)关于四元数的算术的证明。假如同样改写就得到欧拉的(可能也是费马的)关于把整数表示为四个平方和的证明。

我们再来看微积分中莱布尼茨的记号 $\int y \mathrm{d}x$ 。他反复坚持其不变的特征,先是在和陈恩浩斯(Tschirnhaus)的通信里(陈恩浩斯似乎不理解这是什么意思),接着在 1686 年的《博学者纪事》中,他甚至用"普遍性"这个词来形容它。对于莱布尼茨什么时候或者是否发现了那个比较不重要的结果,也就是有的教科书称为"微积分基本定理"的,历史学家曾经进行过热烈的争论。但是,埃利·嘉当引进外微分形式并且证明记号 $y \mathrm{d}x_1 \cdots \mathrm{d}x_m$ 不仅在独立变量(或者局部坐标)的变换下不变,而且甚至在"拉回"下也是不变的。在这之前,莱布尼茨发现记号 $y \mathrm{d}x$ 的不变性的重要意义似乎不太能得到真正的赏识。

现在我们来考虑笛卡儿和费马之间关于切线的争辩。笛卡儿一旦认定就永远认定只有代数曲线是几何学家适合的主题，于是发明求这些曲线切线的方法。其思想是基于一条变曲线，当它和一已知曲线 C 相交于点 P 时，只有当它们交点的方程在 P 点有重根时，这条曲线才在 P 点和 C 相切。不久，费马在用无穷小方法求出旋轮线的切线之后，就向笛卡儿挑战，要求他用自己的方法去解这个问题。自然笛卡儿办不到这点，但是他很好胜，他求出一个解答，而且给出一个证明（"非常短而且十分简单"，用的是他在解题时发明的瞬时转动中心）。他还补充说，他还能给出另外一个证明，"更加符合他的口味，而且几何味道更足"，但是由于"省得写出来麻烦"而略去没写。不管如何，他说"这些曲线是力学中的"，他已经从几何学中把它们排除在外。而这自然是费马试图争论的关键；他和笛卡儿都知道什么是代数曲线，但是把几何学局限于代数曲线是和他的思想方法，也是和 17 世纪大多数几何学家的思想方法背道而驰的。

看来，大数学家的性格和他的弱点有一种单纯的乐趣，甚至于严肃的历史学家也不否认这点。但是从这些趣闻轶事中还能得出什么另外的结论来吗？只要微分几何学和代数几何学之间的区分还没有搞清楚，恐怕是非常少的。费马的方法属于微分几何学，它依赖于局部的幂级数展开的前几项，它提供了微分几何学和微积分所有后来的发展的出发点。笛卡儿的方法属于代数几何学。但是，由于只局限于代数几何，在对十分任意的基域都适用的方法的需要产生之前，它一直都是新奇的玩意。因此，在抽象代数几何学揭示其全部意义之前，不可能也的确没有真正地看出争论的焦点所在。

为什么我们当中的活跃的数学家，或者至少同活跃的数学家有着密切接触的人才能把数学史的技艺搞得最好，对此还有另外一个理由：经常出现各种类型的误解，而我们自己的经验可以帮助我们摆脱它们。例如，我们很清楚地知道，不能一成不变地假定一位数学家完全知道前人的工作，哪怕他把他们都收进他的参考文献。我们之中谁又能把列进自己的著作的书目中所有的书都读过呢？我们知道数学家很少在他们的著作中受到哲学考虑的影响，甚至于他们承认他们对待哲学很严肃。我们知道，他们讨论基础问题有他们自己的方式，总是在可能没有危险的忽视与最费心的密切注意之间来回变动。尤其是，我们知道创造性思想与例行公事的推理之间的差别，而数学家总是感到他不得不拖长这种推理，为的是满足他的同僚或者只是满足他自己。一个冗长、费力的证明可能标志着作者在表达自己的意思上不善措辞，但是如我们所知，它更经常表示他因为受到限制而苦恼，这些限制使他不能把一些非常简单的思想直接翻译成字句或公式。可以举出无数的例子说明这点。从希腊的几何学（它或许最后被这种限制闷死了）一直到所谓 ε 式的证明，再到尼古拉·布尔巴基，他甚至一度考虑在页边上用一种特殊的记号来提醒读者注意这类的证明。严肃的数学史家的一项重要工作，有时也是一项最艰苦的工作，就是在过去大数学家的著作中从例行公事的证明中精选出真正的新东西来。

自然，数学才能和数学经验作为数学史家的资格不是完全够的。我们再引用坦纳瑞的话：

特别需要的是对历史的趣味：他必须发展一种历史感。

换句话说，需要心智上有共感的品质，它既包含过去的时代也包括我们自己的时代。甚至十分杰出的数学家可能完全缺少这种品质，我们每一个人都能够举出一些人，他们除了自己的工作之外坚决地拒绝了解别人的任何工作。还必须不要屈服于这种诱惑（对于数学家来说这是很强的诱惑），即集中注意过去数学家中最伟大的人物而忽略只有次要、辅助价值的工作。甚至从美学享受的观点来看，抱着这种态度也会有很大损失，每位艺术爱好者都知道这种情况；而从历史上来看，这可能是致命的，因为天才很难在不合适的环境下成长壮大，而对环境的熟悉对于正确认识、理解和赏识天才是必不可少的前提。甚至在数学发展的每个阶段，所用的教科书都应该仔细地考查，为的是如果可能的话，发现什么是、什么不是当时的一般知识。

记号也有其价值。即使它们似乎没什么重要性，它们可以给历史学家提供有用的指南。例如，当他发现多年以来，甚至现在，用字母 K 来表示域，而用德文字母来表示理想，他的一部分任务就是解释为什么。经常出现这样的情况，记号和主要的理论进展是不可分的。代数记号的缓慢发展就是这种情况，最后才在韦达（Viète）和笛卡儿的手里得到完成。莱布尼茨给微积分造的记号完全是个人的创造（他可能是有史以来符号语言的最伟大的大师），也是这种情形；正如我们上面看到的，它使莱布尼茨的发现如此成功地体现出来，以致后来的历史学家，被这么简单的记号所蒙蔽，而没能注意到他的一些发现。

因此历史学家有他自己的任务，虽则这些任务与数学家的任务有重叠之处，有时甚至完全重合。因而在 17 世纪，一些最优秀的数学家，在除了代数学的任何数学领域中，在没有直接前辈的情形下，做了许多本来应该落在历史学家身上的工作：编订，出版，再造希腊人的、阿基米德的、阿坡隆尼斯的、帕布斯（Pappos）的、丢番图的著作。甚至于到现在，历史学家和数学家也会经常在研究 19 世纪和 20 世纪的创造结果时，发现它们有共同的基础，不用说更古老的任何著作了。从我自己的经验来看，我可以证实在高斯和爱森斯坦的著作中有启发性的意见的价值。库默尔（Kummer）关于 J. 伯努利（J. Bernoulli）数的同余公式，长期以来只不过被看成是一个新鲜小玩意,结果后来在 p-adic L 函数理论中得到了新生。费马关于利用无穷递降法来研究亏格为 1 的丢番图方程的思想,在现代研究同样课题时也证明是非常有价值的。

那么,当历史学家和数学家都在研究过去的著作时,什么是他们的不同之处呢?无疑,一方面是他们的技术,或者说像我所建议采用的说法,是他们的战术,但是主要的不同之处或许是他们的态度和动机。历史学家倾向于集中注意较远的过去时代以及各式各样的、较为丰富多彩的文化;而数学家在进行这种研究工作时,除了从中得到某种美学上的享受以及共鸣的发现的乐趣之外,可能没有什么好处。数学家倾向于具有一定的目的来阅读过去的著作,至少希望从中涌现一些富有成果的启发。这里我们可以引用雅可比在他年轻时代谈到他刚刚读过的一本书所讲的话,他说:

一直到现在,不论什么时候我学习有价值的著作,它都能启发我产生创造性的思想,这时我就空着手走出来不再管它了。

正如狄利克雷曾经提到过的,上面这段引文就是转引自他的著作。有讽刺意味的是他提到的这本书只不过是勒让德尔(Legendre)的《积分学练习》,其中包括椭圆积分的工作,而它很快就启发雅可比得到他的最伟大的发现,但是这些话是很典型的。数学家读书大都是为了激发创造性的思想(或

者,我可以补充一句,有时也不是那么富于创造性)。我想说
他们的目的比历史学家具有更直接的功利主义态度也许还
不能说不公平。然而,数学家和历史学家的根本事业是研究
数学思想,过去的思想,现在的思想,如果可能的话,将来的
思想。他们都能够在对方的著作中获得极有价值的训练和
启发。因此,我原来的问题"为什么要研究数学史"最后归结
成"为什么要研究数学"的问题,而这个问题,幸运的是,我觉
得无须回答。

（胡作玄译）

数学家与数学发展①

迪厄多内

数学家的事业

这段历史中所谈到的数学家都是因发表出论述他们发现的著作而知名的人。进行数学创造的品质是某种人的特征，有种种理由可以认为它与种族无关，但是，只是在某种程度上才能说它与数学家所在的周围社会环境无关。事实上，我们还举不出例子来说明有的数学家，甚至那些最伟大的天才，能够超越当时数学家的认识水平，至于帕斯卡的故事只不过是一种传说②。社会环境应该使未来的数学家至少能够受到初等教育，使他们见到真正的证明，启发他们的好奇心，这样一旦他们能够接触到数学家的论著，他们就可以去钻研当代的数学。一直到 18 世纪末，还没有真正培养数学家的高等教育。因而，从笛卡儿和费马到高斯和狄利克雷，所有的大数学家几乎都是靠阅读他们前辈的著作而无师自通的。

---

① 本文译自：Abrègè d'histoire des mathématiques 1700—1900,2vols. Vol. 1,introduction,i-xx,Hermann,Paris,1978. 题名是译者加的。

② 传说帕斯卡在 12 岁时已独立发现大部分欧几里得几何。——译者注

即使到今天,仍然有许多数学天才,由于缺乏适当的社会条件而从来没有能够显露出他们的数学才能。因此,在不发达的社会中,即便我们找不到数学家也不用感到惊讶。就是在比较发达的国家中,如果初等教育受到宗教上或政治上的限制,或者具有特别强调实际的功利上的考虑(就像 20 世纪以前美国的情形那样),也就不适于培养出数学家的秉性。

如果在一个社会中,各阶层的人都能相当广泛地受到教育(必要时有学费补助),就可以看出数学家的社会出身是极为不同的。他们有的出身于贵族,如法那诺(Fagnano)、黎卡提(Ricatti)、达朗贝尔(D'Alembert);有的出身于上层中产阶级,如帕斯卡、克罗内克、若尔当、庞加莱、冯·诺伊曼;有的出身寒微,如高斯、E. 嘉当。但是,大多数人出身于经济上往往颇为紧张的中等阶级家庭。

一般来说,数学倾向的觉醒大约在 16 岁,但是,当教育没有提供出数学证明的思想时(正如上面提到的 20 世纪以前的美国的情况),也许年纪要稍大一些。可是,与通常流行的见解相反,最早显露出创造性的时期很少在 20 岁到 25 岁之间。帕斯卡、克莱洛(Clairaut)、高斯和伽罗瓦等人可以说是例外。假如外界条件对他的工作有利,预计一位有创造性的数学家一直到 50 岁或 55 岁都能不断地发现重要结果。也有例子表明 60 多岁的人证明出漂亮的定理。但是,还没听说过过了 70 岁的人能发表出好的文章来。

　　数学家正像许多学者一样,在他们一生中占主导地位的是不疲倦的好奇心,试图解决他所研究的问题的欲望几乎达到热衷的程度,以及和周围的现实世界几乎完全脱离开来的心态。著名数学家的心不在焉或脾气怪诞没什么其他的原因。一般说来,一个证明的发现只有在长期紧张而持久的集中精力之后才能得到。而在最后结果取得之前,有时需要连续集中几个月甚至几年。高斯经过数年之久才求出某个代数表达式的符号,库默尔及戴德金也是经历了长时期的工作才奠定了代数数论的基础。

　　因此,数学家所追求的首先是能够安排足够长的时间来干自己的工作。这就是为什么自从 19 世纪以来,他们最先考虑在大学和工业学校从事教育事业,这是因为教课钟点少并有较长的假期①。报酬多少的重要性还在其次。最近,在美国乃至其他国家,数学家放弃他们在工业部门中待遇优厚的职位,在工资收入大大减少的情况下,重新回到大学去任教。

　　只是在最近,大学中的教育职位才有显著的增加。1940 年以前,甚至在某些大国中,这类职位也极为有限。1920 年以前,就像库默尔、魏尔斯特拉斯(Weierstrass)、格拉斯曼(Grassmann)、基林(Killing)、孟代尔(Montel)这样水平的数

_____

① 　现在这么宝贵的时光还常常被越来越多的各种辅助的和累人的烦琐杂务所占据。——原注

学家,至少都当过一段时间的中学教员。在小国,只有少数大学才能够提供这种长期任教的职位。

19 世纪以前,数学家的工作机会非常不稳定。如果他没有个人财产,又没有保护人和科学院来保证他能够过优裕的物质生活,他们唯一的出路就是去当天文工作者或测量工作者(正如高斯,他花了大量时间在这两门专业上)。无疑,正是这种情况说明为什么 18 世纪有才能的数学家是那么的少。

同样,由于需要花费很长时间来思考他们打算解决的问题,数学家几乎不太可能在其他方面(如行政管理)专心致志搞任务的同时又能够从事严肃认真的科学工作。傅里叶(Fourier)在创造热的理论的时期内还任伊塞尔省省长,这可能是唯一的例外。如果数学家担任行政或政府部门的高级官吏,他在执政期间几乎势必放弃他的研究工作。

由于同样的理由,数学家很少能够在积极参与政党活动的同时又不忽视他自己的问题。另外,一直到最近,持有极端政治立场的数学家也不是太多,像伽罗瓦是激进的共和派,而柯西是坚定的正统保王党人(为了不宣誓效忠于他所认为的篡位者[①],自愿流亡国外),他们在历史上是极为例外

① 指 1830 年七月革命后上台的路易·菲利普。他是波旁家系的旁支,不像路易十八、查理十世是波旁王朝的"正统"。——译者注

的。数学家懂得言论自由和出版自由的价值，一般持自由观念而与专制制度（或现在所说的集权主义）格格不入。在那种他注定要生活下去的政权下面，他也满足于当一名好公民，而不像文学家和艺术家那样。他们很少参与抗议活动或政治运动。大多数数学家并不积极于追求名声，他们对名利较为淡漠，不太关心。①

这并不是说，数学家能够免除人类的弱点。数学的"稗史"中有许多例子讲到数学家的虚荣心、妒忌心、敌意、恶念和宗派心理。数学家之间关于真理的争论比起所谓"推测性"科学（例如考古学、地质学、宇宙论）中从不间断的争论来是比较少的，也不那么怒气冲冲，除非理论的基础不太牢靠（例如十七八世纪的微积分，1900 年左右开始的"基础论危机"以及稍后的意大利学派的代数几何学）。只要把基本概念和允许的推理方式阐述清楚，争论自然就平息下去。但是，在数学家的职业生涯中（在科学界的名声是提升的重要标志），对于较为优越的位置的竞争常常非常激烈，特别在位置很少的情况下更是如此。此外，宣告自己优先得到结果，有时发展到指控别人剽窃的事，从 16 世纪的代数学家和微积分的奠基者的英雄时代起，一直没有平息过。

---

① 以上多指作者所熟悉的西方社会，其中许多看法也有片面性。——译者注

数学家集体

在实验科学中往往实行班组集体工作,而这种工作方式在数学中并不常见。数学家大都只有在安静及孤独的环境中才能认真思考问题。虽然,合作的工作也是相当多的,不过,这种合作往往是每个合作者分别获得结果,而不是通过合作者在思想上互相促进,在新的基础上发展起来的。长期合作最著名的例子是英国的哈代和李特伍德,他们两个人一个住在牛津,一个住在剑桥,几乎很少碰面,他们的共同工作完全靠通信来完成。

虽说大多数的著作是由个人完成的,可是像格拉斯曼、亨塞尔或者 E. 嘉当那种能够长时期在一种几乎是完全孤立的条件下富有成果地搞研究的数学家还是很少见的(他们三个人都是由于他们思想新颖而不为当时数学家所理解)。假如数学家不能与他们的同行经常进行交流,并得到他们的理解的话,其中大多数人会感到沮丧,失去信心。同样,由于他们的研究工作过于抽象,这也使得他们与非数学家交流思想十分困难。

一直到 17 世纪中叶,交流的方式仅限于私人通信[有时集中地通过像马森(Mersenne)或考林斯(Collins)这些自愿的通信者互相联系]或个人会面,有时靠作者自费印刷著作(至少在保护人不同意承担费用的情况下)。1660 年左右,法国科学院正式负责开始刊行著作,但数量极少。而到 1820 年左右才刊行的科学杂志一般都不分专业。头一个打破这种限制的专业数学期刊是 1826 年创刊的**克莱尔(Crelle)杂志**,接着是 1835 年创刊的**刘维尔(Liouville)杂志**①。

但是,这个时候,语言上的隔阂开始出现了。在 17 世纪,几乎所有的数学著作都是用拉丁文写的(只有笛卡儿的《几何学》以及帕斯卡的某些著作是特殊的例外)。到 18 世纪,这种传统习惯已逐渐衰落:法国数学家多半用法文写作,有的教科书也是用作者的语言来编写。从高斯时代开始,在科学著作中拉丁文的使用迅速消失。这种做法并没有使新成果的传播减慢,特别是在法国。然而,在 19 世纪末以前,法国实际上并没有进行当代语言的研究。一个可笑的例子是 1880 年巴黎科学院就某一数论问题设置大奖,而这个问题早在 20 多年前就已被 H. J. S. 史密斯(H. J. S. Smith)解决了。可见,埃尔米特及若尔当显然不懂英文。

在整个 19 世纪中,数学期刊的数目稳步地不断增长。1920 年以后,随着开展数学研究工作的国家增多,数学杂志的数目也快速地增长,1950 年以来简直达到了爆炸的程度。现在,全世界的数学期刊已经超过 400 种。在 19 世纪 60 年

---

① 克莱尔杂志全名是《纯粹与应用数学杂志》(德文),为克莱尔首创,故通称克莱尔杂志。同样,刘维尔杂志系法文的《纯粹与应用数学杂志》。——译者注

代，人们已经感到需要有专门的摘要及评论其他论文的杂志了。老的《数学进展年鉴》创刊于 1868 年。第一次世界大战之后，因为推迟了许多年，于是在 1931 年让位于《数学文摘》。后来，在 1940 年又出现了美国的《数学评论》以及刊行更晚的苏联的《文摘杂志》。然而，尽管这些文摘每年的页数大量增加，编辑的队伍逐步扩大，这些评论还是难以吞没越来越多的应该加以分析的汪洋大海般的论文。

与期刊的成倍增长相平行，著作集也飞快地增长。一般都集中在几套丛书（有的相当专门）里。最老的丛书是法国著名的 E. 保莱尔丛书（1898 年起）、英国的剑桥丛书（1905 年）、德国的《数学科学基础》及《数学成就》两套丛书（1920 年以后）。这些丛书成为后来许多丛书的样板（不单是在自己国内，而且还特别在美国和苏联）。到现在，新的理论要等上 10 年才收到数学用书中的情况已经不多了。

到 19 世纪中叶，德国的大学就出现讨论班这种活动：在一位或几位教授的指导下，许多本地或外地的数学家，往往还有具有博士头衔的学者，在整个学年中定期召开的会议上，分析某些问题的状况或者评价最突出的新成就。1920 年以后，这种体制逐步扩大到全世界。讨论班的报名经常以打印稿的形式散发，从而使更多的人能够接触到。在许多大学中，办讨论班就相当于开设专门化的课程。

长时期以来，人们认识到口头上交流科学成果比起读论文来更加有效。从中世纪起，特别是在德国，大学生就有从一个大学转到另一个大学就读的传统，这个传统一直延续到今天。另外，邀请教授到其他大学从事研究和教育工作也是越来越常见的事了。

从1897年起，国际数学家大会的召开使得这种个人接触的需要制度化。后来，从1900年起，每4年召开一次（两次世界大战中曾造成间断）。参加的人数越来越多，使得会议的效率降低。1935年以后，范围较窄的专业会议成倍地增加：学术讨论会、专题讨论会、工作会议、暑期学校等。在会上，许多专家可以会面，交流他们的发现，讨论问题。

1800年以前，数学家人数很少，居住分散，没有学生能做适当的交谈。随着19世纪大学的发展以及搞研究的学者数目的增多，就出现了可以称得上是学派的数学家集体。从时间上及空间上来看，学派并不是一成不变的，但是一个学派往往具有连续不断的传统、共同的大师、偏好的主题或方法。第一个学派是法国学派，其中心人物是拉格朗日、拉普拉斯、勒让德尔，后来是傅里叶、泊松（Poisson）、柯西、庞塞莱、沙斯莱、埃尔米特及若尔当。接着出现的是英国剑桥学派[皮考克（Peacock）、德·摩尔根（de Morgan）、G. 布尔（G. Boole），后来是凯莱及J. 西尔维斯特（J. Sylvester）]，德国的柏林学派（雅可比、狄利克雷，后来的库默尔、克罗内克、魏尔斯特拉斯)和哥廷根学派[狄利克雷、黎曼、克莱布什(Clebsch)、戴德金,后来的 F. 克莱因(F. Klein)及希尔伯特]。19 世纪最后 30 多年又出现了意大利学派[贝尔特拉米、克莱孟那(Cremona)、狄尼(Dini)、阿思考里(Ascoli)、阿尔采拉(Arzela)]及俄国学派[P. L. 切贝舍夫(P. L. Chebyshev)、马尔科夫(Markov)、左罗塔辽夫(Zorotarew)],而老的学派也出现了分化。

到第一次世界大战时,法国学派和德国学派仍然是人数最多、学科最全面的。它们分别以罕见的全才、当时最著名的代表人物庞加莱和希尔伯特为首,在数学中发挥了无可争辩的影响。在法国及德国周围,以意大利及英国的数学研究中心人数众多、活动积极。在意大利,特别突出的是意大利代数几何派[卡斯特努沃(Castelnuovo)、恩瑞克斯(Enriques)、塞梵瑞(Severi)],微分几何学派[莱维-齐维塔(Levi-Civita)、列维]和以瓦尔泰拉(Volterra)为中心的泛函分析学派,它们一直到 1935 年左右才消失(直到最近才又复兴起来)。而英国学派在凯莱及西尔维斯特之后转换了方向,1910 年左右以哈代及李特伍德为中心,搞了 30 年的古典分析和解析数论,取得一系列重大发现,后来让位于现在的一批卓越的代数学家和拓扑学家。

1918 年以后,由于法国科学中的年青一代在战争的大屠杀中伤亡殆尽,以致科学在 10 年之中停滞不前。除了 E. 嘉当和阿达玛之外,仅仅局限于单变量实函数及复函数论,这两门学科在 1900 年左右有着极大的发展,特别是皮卡、阿达玛、E. 保莱尔、拜尔、勒贝格以及后来的孟代尔、当若瓦(Denjoy)、儒利雅的贡献。而德国恰巧相反,他们的学者的生命保全下来了,他们的大学传统完整无损,而且还培育出突出的代数和数论学派[E. 诺特、西格尔、海克、阿廷、克鲁尔(Krull)、R. D. 布劳尔(R. D. Brauer)、哈塞、范・德・瓦尔登(原籍荷兰)]。这个学派所开创的公理化趋向在戴德金及希尔伯特的著作中已有萌芽。在 1920—1933 年,这些数学家执教于德国大学,大学中有来自各国的学生(特别是那些为了恢复他们已被遗忘的传统的年轻法国学生),这是一个特别光辉灿烂的时期,不幸由于希特勒时代的来临而遭破灭。一直到 1950 年左右,德国学派才获重建。而这次正好反过来,他们是受了法国“布尔巴基学派”数学家的影响而重建起来的。

可是,1914 年以后数学的大舞台上出现的最突出的现象是在一些国家中涌现出生命力强的民族学派。这些国家中以前除了个别学者之外,几乎没有什么有国际声誉的科学家。其中我们首先必须提到在第一次世界大战结束之前的苏联和波兰。这时突然出现一些第一流的数学家[苏联的鲁金(Lusin)、苏斯林(Suslin)、乌雷松(Uryson)以及后来的 P. 亚历山德罗夫(P. Aleksandrov)、柯尔莫戈洛夫(Kolmogorov)、维诺格拉陀夫(Vinogradov)、庞特里亚金、彼得洛夫斯基(Petrowsky)、盖尔凡德(Gelfand),波兰的谢尔宾斯基(Si-

erpinski)、雅尼热夫斯基(Janiszewski)、库拉托夫斯基(Kura-
towski)、巴拿赫以及后来的胡尔维兹、艾伦伯格、齐格孟
(Zygmund)、肖德尔(Schauder)],正是由于他们的努力,使得
现代拓扑学及泛函分析的基础发展起来。在苏联,这样的突
飞猛进没有终止过,不断地产生出许多很有才能的数学家。
至于波兰,数学家大部分被纳粹所屠杀。只是在最近,这个
空白才填补上,数学继续大步向前发展。

在美国,数学传统的形成十分缓慢,竟经历了三代人之
久。1900 年左右出现了美国学派[特别是 E. H. 莫尔
(E. H. Moore)、L. E. 狄克逊(L. E. Dickson)、W. F. 奥斯固德
(W. F. Osgood)以及后来的 G. D. 柏克荷夫(G. D. Birkhoff)、
凡布伦、亚历山大(Alexander)、列夫席兹(Lefschetz,原籍俄
国)、M. 莫尔斯(M. Morse)]。第一次世界大战之后,特别是
1933 年以后,被各个极权国家所驱赶的欧洲学者大批移居美
国,使得美国学派得到意外的增援。这些人对于培育真正本
地的美国学派做出了很大的贡献。这个出色的美国学派在
1940 年以后由于在群论、代数拓扑学、微分拓扑学等方面轰
动一时的发现在世界上取得领先地位。

由于大学制度的机械和贫乏,最活跃的日本学派失去了
他们许多著名代表人物而使其他国家(特别是美国)得到好
处。同样的现象在其他一些国家中也有,其中许多数学学派
的发展由于各种原因遇到了困难,如经济不发达或人口太

少。只有美国、苏联或日本有足够多的数学家,以致在所有的数学领域中都有他们的代表人物,其他国家的数学领域就多多少少更窄更专门一些(正如我们上面所提到的那样,这也随着时间而变化)。

我们不难理解为什么许多活跃的数学学派具有那么大的吸引力:在孤立的情况下,年轻的数学家很快在大量文献中迷失方向而失去勇气;而在重要的中心,他们能听到大师及年长一辈乃至外国来访者的教诲,这样,初做研究的人很快就能把本质的与次要的概念同结果区别开来,从而打好基础。他能够被引导到关键的著作中去,能知道当前重大的问题是什么,以及研究解决这些问题的方法,而不至于到不结果实的领域中去摸索。并且,他有时还能通过把自己的研究与其他人的研究进行意想不到的比较和对照,从而受到鼓舞和促进。

由于存在这些研究中心以及联系这些中心的遍布全球的交流网,过去那种革新者不能为人所理解的状况在今天不再可能出现了。

数学的演化与进展

谁也不能否认,整个数学来源于日常生活中出现的问题,像分物计数或者测量大小。基于这个无可争议的事实,任何思想流派都会看到数学的演化反映了技术或自然科学的需要。

　　自从微积分出现以后,数学分析中所有的重要结果都和力学、天文学、物理学的发展紧密联系着。不仅来自科学的问题成了数学中新问题的经常的、不可穷竭的源泉(其中特别在函数方程的领域中,如微分方程、偏微分方程、有限差分方程以及后来的积分方程、积分微分方程等),而且物理学家所用的概念翻译成的数学概念(能量概念,各种"极值原理"),常常在方程的一般解法中间自然地得到。此外,大约一个世纪以来,其他的数学分支像代数或逻辑也出现了许多新的应用领域(统计学、运筹学、计算机科学等),结果不可避免地形成双方的相互交流。

　　但是也得承认,这种经常地、富有成果地和自然科学的应用紧密相连的数学领域,尽管很重要,然而其中不少领域并不构成真正的数学分支的主要部分。只要看一下 19 世纪的数学史就可以说明这一点:在这个时期中所诞生的伟大理论中,只有调和分析和算子的谱理论部分来源于物理学家应用的需要,但是这个世纪中所有其他的新理论却并非如此。我们只举其中比较突出的,例如群论、不变式论、代数数论、解析数论、射影几何、非欧几何、代数几何等。

　　有的人希望对于数学理论的起源给以某种社会学的"解释",而这种解释并不令人信服。的确,发展"抽象"思维显然需要文化发展到一定的水平，可是，当他讲出这种废话时，他究竟"解释"了什么呢？人们看不出来，18世纪末叶的德国小邦那种社会环境为什么不可避免地促使高斯去研究用直尺和圆规去做正十七边形。

我们不用去探讨多多少少神奇的原因，我们只要看看自己周围就可以看出：人们从很小的时候起，就对那些激起人们天性中的好奇心的以及需要费脑筋的游戏感到莫大的兴趣，像智力测验、各种谜语、"难题"、十字字谜等。同样，希腊数学一开始就有大量关于数的问题出现，难道这点不使我们感到惊奇吗？比如说，像"决定直角三角形，其边成整数比"（公元前5世纪为毕达哥拉斯学派所解决）这类问题，如果说还有某种建筑方面的实用兴趣，那么丢番图的书上却可以碰到几十个完全看不出来头绪的问题，这些问题只能看成是巧妙和困难之谜①。并且这个传统一直延续下去，比如现在重新引起人们兴趣的大量"组合"问题也具有同一性质②。

我们还必须考虑到整数在古代大多数哲学和宗教中所起的作用。这在毕达哥拉斯学派及受他们影响的思想家中就更明显。这些思想家对于那些出于实际考虑而玷污了对

---

① 这里我们举一个例子：求直角三角形，具有有理数的边长 a,b,c，使得 $a-b$ 及 $a-c$ 是有理数的立方。——原注

② 例：在半径为2的闭圆盘中，求包含圆盘中心在内的最大点集，使得各点之间的距离至少等于1。——原注

真与美的沉思的欢乐的数学家不那么轻蔑，而数的性质却使献身于研究它的人得到快乐。可见希腊人（以及现代持有同样美学观点的数学家）与把数学只当成是平凡的工具的那种系统的功利主义是格格不入的。把数学当成平凡的工具的观念只是到后来才有的，在 18 世纪方才出现。假如这种观念以前就占优势，那么就会堵死数学的发展，使得从那时起数学所征服的大多数领域无从产生，同时到现在就会产生更多的功利主义者。有些人力图把数学家归到自然科学的辅助技师的队伍中去，而对于宇宙学家、史前史专家或考古学家这类典型的"没有用的"科学专家却不这么考虑和估计，因此，数学家在同他们的斗争中不能不表现出惊奇。

似乎存在这么一种相当正确的观点，即数学发展的主要动力是内在的原因，也就是对于要解决的问题本身的深入思考，而问题的来源如何关系不大。在每一个时期，数学家都面对前人遗留下来的问题或同时代人提出来的问题。数学问题得到解决往往靠经验的摸索，巧妙的想法使得他们部分或整个地达到目的，但他们不一定了解其中有什么理由。有时候，在碰上了这种想法并且使得所需的技术得到发展和更加精制之后，就能够使原先的技巧的应用场合大大扩张，从而创造出非常一般的方法，能够用在原来问题以外的其他问题上。数论中就充满了这样的例子。

但是，也有这种情况，一开始取得成功使人感到充满了希望,可是,后来沿着这个方向走下去无论怎么努力却完全归于失败。典型的例子是求代数方程的"根式解"问题。这类问题的关键就在于了解其真正的(有时是隐藏的)特性,这就使人们能够发现数学上完全新的分支。正是由于求代数方程的根式解问题导致了群论及域论的诞生。不变式理论中著名的希尔伯特"有限性定理",解决了过去用"组合"方法直接做而无能为力的问题,并成为现代交换代数的开端。甚至于当一个问题不能在原来形式上得到完全解决,但是对于了解这个问题所做的种种努力常常得到许多比问题本身更有趣的结果。例如,库默尔为了解决方程 $x^n + y^n = z^n$ 的所谓费马问题(至少对于某些特殊的指数的情形),他第一次开创了代数数域的可除性理论。而华林(Waring)问题和哥德巴赫问题则极大地推动了解析数论的发展。

说来奇怪,有的问题看起来没有什么价值,却往往导出最漂亮、最有威力的理论。例如,微积分出现以后,就出现了求方程的根或者定积分的值的数值计算的近似方法(有任意小的误差的),这已经能充分满足自然科学应用的需要。从那时起,数学家按理说应该离开求代数方程的根式解或者研究表示椭圆弧长的函数这类问题。实际上,研究这些问题看来不会使计算方法增添什么新东西而使功利主义者更加心满意足。但实际出现的情况恰巧相反,正是由于看起来幼稚的、具有希腊理想的数学家坚持搞这些忘我的研究工作,才产生出群论和现代代数几何学。

更后一些时候又多次出现了使物理学家及哲学家感到惊异的现象。当近代物理学(相对论及量子力学)产生革命性的概念时,人们会很惊讶地看到,发展这些概念所需的数学工具已经被数学家想到并且进行过研究。而数学家完全是从数学的内在问题出发,并且毫不怀疑有朝一日会产生出另外的应用。

在此,我们不要错误地认为这些突出的例子代表过去出现的大多数事例。恰恰相反,有许多例外的情况。数学家曾经考虑过的大量问题(特别是"组合的"问题)几乎完全孤立地放在那里无人过问,(如果它们已被解决)它们的解对于其他问题的解决也是没有什么用处的。此外,还有几百年前甚至上千年前就提出来的问题,一直没有进展,其中最著名的有:奇完美数的存在问题,确定出费马数或马森数中的素数,欧拉常数是否是无理数,等等。因此,不能先验地判断将来研究某一个问题能够产生出什么样的后果。

对于数学中所碰到的现象更加深入地理解往往来自把这个现象嵌入到更广泛、更普遍的背景中去。一个经典的例子是研究单实变量解析函数时,起初得到了很奇怪的结果(一个级数,它的和在每一个实数的邻域都是解析函数,但级数本身却不收敛),可是把它考虑成单复变解析函数时,就可以自然而然地解释清楚。

整个数学理论的历史没有例外的都是由研究特殊的对象——数、图形或函数——开始，每种对象都是孤立地考虑的。人们开始把它们归类，就有点像早期的博物学家按照外表的相似性来分类动物或植物一样。更进一步研究就发现了往往是很难确切地辨认出来的更隐蔽的性质，或者导出现象的要点所在，这些要点一开始看起来太"显然"以至被人忽略过去，比如，连续函数的初等性质。这样就使得我们所考虑的对象的类别逐步扩大，并且显现出比一开始看到的偶然的相似性更加精密的关系。人们毫不怀疑的情形往往经过长年之后发现它们具有某些观念的共同特性，而这在今天看来是显然的，这种事例的经常出现实在令人感到惊奇[1]。

但是，人们引进并研究的最一般的对象是其中最"抽象"的概念，也就是刚一考虑时，离开我们感官直觉最远的东西。事实上，只有抽象化及一般化才能使得在很特殊情形下偶然出现的性质消失不见，而这些偶然性质往往掩盖其真正的本性。

---

[1]　由于这个事实，现在讲课要想沿着 18 世纪或 19 世纪作者的思路，并考虑到这些结果的意义，假如他不愿意利用原作者所用的符号或概念以外的符号或概念，那就是十分困难的。实际上，数学史家的工作在于把原作者的著作，如果必要的话翻译成现代词句，而且强调这种解释并非来自原作者的原著，那么，这就会使讲课容易得多。——原注

这样，人们一步一步地觉察到，首要的是我们所考虑的对象的性质和对象之间的关系而不是对象本身的性质。这样演化的结果，最后就使得在对象的类中，把由先验提出的"公理"中的少数性质或关系所不能推出的结果**系统地**忽略掉，从而构成所谓"假设-演绎体系"，或者我们现在所说的数学"结构"。正是由于这种方法，才把理论的深入分析和重组理论的公理化综合起来，把表面上完全不同的问题联系起来，从而明白地显示出数学在本质上的**统一性**，而以前把数学表面上分成代数、几何或分析到今天已经过时。

因此，我们可以看出来真正的数学不可避免地要研究最一般的抽象结构，像群、环、拓扑空间、算子、层、模型等。这个演化是以自然的方式进展的，也可以说是"定做的"，这也没有什么可大惊小怪的，它们取得里程碑式的显赫成功就足以说明其合理性。危险只是在于有的人宁可一心一意妄图超过前人而不是去解决尚未解决的问题，去搞一些"毫无根据的"抽象。自从 19 世纪末起，就存在着这种没有根据的公理化趋势，并且后来一直不断地增长。人们看到我们前面提到的例子，总是希望这些看来没用的理论有朝一日获得重大的应用。然而，把自己的行动寄托在希望中彩上只不过是碰运气的事。似乎"严肃的"数学问题有点像生物，有一个最适的"自然"进化过程。只是为了任意推广已知的现象而人为地引进公理系统就很少取得显著的成功。例如，抽象地研究格序集合(或"格"),或者最一般的非结合代数并没有达到作者的期望,能够用来去解决一些老问题。

人们很怕看到数学误入歧途,远离"直觉的"观念。事实上,数学家的"直觉"由于长期的习惯往往比感官直觉得出的概念内容要丰富。这就产生出一种奇怪的现象,即由感官直觉转移到完全抽象的对象上。最突出的例子是几何学的语言逐步侵入看来与之相距甚远的数学领域(函数空间、数的几何、抽象域上的代数几何、数论中的"阿德尔"几何等),许多数学家似乎从其中发现了他们研究工作的精确指南。

数学理论的发展常常由下面两个因素混合而成:一方面是带有极强的个人特色的原始思想;另一方面是许多数学家的集体合作,这些数学家发掘这些思想的各种可能的发展,并按照不同的方向推出他们的结论。历史所提供的各种各样的例子表明,根据不同情况,集体型的进步与个人型的进展两者之间的比例可以有相当大的变化。因此,几乎没法把最早定义虚数概念的功劳归于某一位数学家,实际上在 16 世纪,在许多不同的方向上都出现了虚数。17 世纪中微积分创建时,当时所有的数学家都曾以不同的名称对它做出贡献。他们可能都受到欧道索斯(Eudoxus)的影响,欧道索斯的思想又是通过阿基米德的富有想象力的应用而传下来的。但是,不能肯定阿基米德本人就没有受到更早的人的思想影响。另外,17 世纪学者们表达阿基米德思想的方式也是和古人的概念差别相当大，这也不能归之于某一位数学家的影响。我们还必须提到，19 世纪中，从凯莱及格拉斯曼到弗洛宾尼乌斯（Frobenius），线性代数的缓慢成熟过程，或者从柯西到勒贝格，积分论的缓慢成熟过程。

与此相反，也有许多情形是富有成果的思想一下子就涌现出来，而在这之前却毫无苗头。例如费马的"无限递降法"，高斯的"内蕴微分几何学"，库默尔的"理想数"，黎曼曲面，庞加莱关于微分方程的定性理论，亨塞尔的 p-adic 数，布劳尔的单形逼近等都是很突出的例子。

数学的进展绝不是沿着同样道路有规则地向前发展。没有什么明显的理由能说明，为什么某些时期的数学的确呈现出一片空白的状态。比如 1785—1795 年这 10 年，甚至拉格朗日本人都认为数学发现的时代已经终止！与此相反，也有一些时期在数学的各个领域中都涌现出大量的新思想，例如 1800—1830 年，1860—1890 年，1920—1930 年以及 1945 年到现在这些时期。

我们还应该考虑到学派及风气：费马去世之后的 70 年间没有人提起代数及数论，所有的人都集中于这个时期的大事——微积分的成形。我们这一代，在某些环境下［比如 1920—1940 年的俄国及波兰学派，又如库朗（Courant）在纽约建立的研究集体］，某些学科最时髦，他们只是对泛函分析、集合论或一般拓扑学感兴趣,而认为其余的数学部分都是可以忽视的。

最后,这些理论由于与周围的学科脱离接触而憔悴枯萎,这就使得它们越来越集中在一些更特殊、更精细的问题上,而且它们的重要性越来越低。老学派的领袖们往往很难承认这种发展变化,他们惊讶地看着年轻的数学家脱离他们所熟悉的领域而投入到征服未开垦的土地的战斗中去,而忘记了他们自己年轻时面对年长一辈也是这么干的。并且,只要有创造性的新思想就可以使奄奄一息的理论复苏。例如,不变式论已沉睡了近百年之久,现在又获得更新。

还有一种常见的现象是有的数学分支由于缺少合适的、使人们能够抓住本质的观念而停滞不前。典型的例子是代数,它从丢番图到韦达和莱布尼茨经历了 13 个世纪之久才能写出来一个"一般的"代数方程:

$$a_0 X^n + a_1 X^{n-1} + \cdots + a_n = 0。$$

这就不难理解为什么希腊人从来也不了解所谓的代数学。微积分经历了一个世纪才得到其确定的形式,这在很大的程度上是因为在牛顿和莱布尼茨之前,对于导数和积分这些新概念没有提出过合适的符号,并且,这些概念本身也不是完全清楚。

另外,好的记号通常伴随着便于实用的算法。所谓算法,我们可以理解为一套一劳永逸的计算步骤或推理步骤,它使得人们在相当机械地应用这些计算或推理步骤时,不必每一次从头再做一遍,而使数学的论述大大地简化,这样就使得人们把注意力集中于证明的关键之处。不难估计出这种好处:16 世纪的史梯费尔所著的代数书中,讨论二次方程用了 200 页;巴罗(Barrow,牛顿的老师)为了解决切线或面积问题需要用 100 页外加 100 个图,而现在给微积分初学者的初等教程只用十分之一的篇幅就足够了。

最近,微积分的历史在广义函数的观念的发展中又以某种非常类似的方式重演:它针对不同的问题以几种不同的方式出现[海威塞德(Heaviside)、H. 杜拉克(H. Dulac)、鲍赫纳(Bochner)、范塔皮埃(Fantappié)、索伯列夫(Sobolev)等]。这个概念一直到施瓦尔兹建立起系统的算法时,才真正达到成熟并得到十分有效的应用。较早一些的初等例子是布尔代数的符号及恒等式的应用,这从 20 世纪初开始,就得到广泛的发展。最近,"映射图"得到了广泛应用,它借助一系列箭头把一系列集合以及从一个集合到另一个集合的映射之间的关系非常具体地表现出来,从而在所有的数学分支中都显示出莫大的用处。

关于公元前 5 世纪发现无理数的情况,我们所知极少,可能除了这件事之外,在数学中从来没有出现过可以与 20 世纪物理学相比拟的革命,革命必然从头到尾彻底改变整个的思想体系。最接近革命的是深刻改变数学基础或者改变数学与现实世界关系的概念的新思想。例如，非欧几何的发明、G. 康托尔的"超限数"的发明，以及更晚一些的不可判定命题的发现。但是，这三种情形的每一种思想对于数学发展的真正效果主要是提供了新技术，而老方法的路线并没有改变。

现在，数学的进展并没有放慢。20 年来，全世界研究人员的数目显著增加。每年都有年轻数学家极富有创见地解决前辈无能为力的问题。人们总要问：是否这种进展不会由于今后发展受到抑制而停顿下来？这是因为人们实质上不可能掌握这么多的富有成果的理论因而导致极端的专业化，以及理论彼此之间逐步孤立，最后由于缺少来自外界的生动活泼的新思想而衰退。幸运的是，数学中还存在强有力的统一化的趋势使得这种危险大大地缩减并集中在少数地方。这是来自对基本概念更加深入的分析或者对于过时的技术长期和反复的发展而导致新方法的发现。因此，数学家没有理由怀疑他们的科学一定会繁荣昌盛，以及文明的真正形态源远流长。

（胡作玄译；关肇直校）

纯粹数学的当前趋势①

迪厄多内

《数学评论》每个月所评论的纯粹数学的文章已经超过1 500篇,从这种爆炸性的发展中还能辨别得出什么趋势来吗?这是我在下面短短几页中所要回答的问题,尽管这种回答只能是相当主观的。

假如我们把数学中大多数问题及定理比作个别的原子,只有当这些原子以某种方式联结起来才能出现趋势。把它同天体物理学家描述星体演化的方法比较一下,也许会有助于解释清楚:他们告诉我们,最初大块的弥散物质在引力作用下密集起来,一直到密度足够高使得核燃料能够燃烧,于是星体产生出来并进入"主系列"——在或长或短的一段时期中它处于相当稳定的状态,直到核燃料耗尽之后,不得不离开"主系列"而奔向各自的前程。在数学中,我们可以把星体的诞生比作把许多问题集中成某种一般的方法,或者在

---

① 原题:Present Trends in Pure Mathematics。本文译自:Advance in Mathematics,1978, 27(3):235-255.

一种公理化的理论下组织起来,于是这种方法(或理论)就属于所谓数学的"主流"。主流的特征在于其各个分支之间有着多种相互联系并且彼此之间施加相互的影响。一个理论处在主流中,一直到它的大问题越来越短缺,于是它就倾向于失去同其他数学分支的接触,或者去钻一些过分专门的特殊问题,或者搞一些无源之水式的公理化研究。

数学中的"前主流"部分的典型例子是数论及组合理论中的大量问题,这些问题可追溯到丢番图[4,5,7],这些问题即便能够解,往往用的也是解决具体问题的专用的方法,不管它多巧妙,也用不到其他问题上。而离开"主流",集中于特殊问题的例子,在 19 世纪我们可以举出初等几何、椭圆函数及不变式论,在当前我们可以举出单复变函数论。20 世纪中,大部分的非交换及非结合代数,一般拓扑学以及"抽象"泛函分析是以另外两种方式"偏离开主流"的理论的实例。

我们下面所要讨论的趋势就是可以辨认出当前的确属于"主流"的理论。这些理论大多数曾是布尔巴基讨论班上多次会议的主题。我最近写了一本书①。可以说是这个讨论班上五百多个已经发表的"报告"的导引,其中对于每个理论,都把它的问题、方法和结果做了简要的叙述,这些理论在

---

① 《纯粹数学大观:布尔巴基的选择》(Panorama des mathématiques pures:Le choix bour-bachique,Gauthier-Villars,Paris,1977)。

相应的"报告"①中都更加充分地讨论过。至于本文中,我就不加解释地用大量词汇,由于篇幅所限,请读者在该书中查找有关的定义。

某些普遍趋向

从 1840 年左右起始,经过长期演化之后,到 1920 年左右,纯粹数学开始主要关注于研究结构而不是关注被赋予这些结构的**对象**,这已差不多是老生常谈了。数学中的许多重要问题可以表述成:把给定的某种类型的结构按同构加以分类。对这个问题最好的回答是在每一个同构类中,对于这种结构给出明显的描述,例如,对于有限生成的交换群,这件事是办到了。但是,这种成功只不过是极少的例外。一般来说,我们不得不降低我们的要求。通常我们试图在比同构更弱的等价关系下对于结构加以分类,例如,对于拓扑空间,我们用同伦等价来代替同胚;对于有限群,我们用若尔当-荷尔德(Hölder)单商群来代替同构。在后面这种情形,就导致了分类有限群的子范畴的问题,这个子范畴只包含单群。

定义这种等价关系的最老的办法之一是,对于一种结构,附上一个**数值不变量**,也就是说,这个不变量在同构的两个结构上取相同的值,例如,向量空间的维数或代数曲线的

---

① 因此,本文与数学文献整体之间的关系就是某种总结的总结。

亏格。把这种想法更加精致化就可总结出范畴的概念体系：
它主要在于定义一个函子，它自动地把同构类映到同构类，
使得相应的等价关系就表示把这函子作用到两个对象上得
到同构的对象。典型的例子有模的外代数、李群的李代数以
及拓扑空间的上同调环。因此我们可以说发明函子是现代
数学家的主要目的之一，而且通常这也产生出最惊人的结果。

另一种处理对象的集合或同构类的集合的办法是通过
在集合上定义某种结构而把它们"组织"在一起，这种思想可
能来源于代数几何学。格拉斯曼及凯莱首先举出的例子是
对于几何对象（如 C^n 中的线性子簇或 C^3 中的一定次数的代
数曲线）赋予"坐标"，后来黎曼更加深刻地把已知亏格的代
数曲线的同构类看成依赖于一些复参数，他称这些复参数为
"模"（moduli）。但是，现在这种思想也已经用到其他的领域
中去，如映射、向量场、微分结构或这种对象的同构类也"组
织"成拓扑空间、群等。因此，在分类问题中，**发明结构**也是
伟大进展的另一源泉。

与这个思想有关的另外一个概念是"一般性"（genericity）
概念。它也来源于代数几何学。由于结构可能具有许多"病
态"，以致想把它们分类，看来完全没有希望，但是，如果我们
能够证明，完全忽略掉某种"坏"的结构，就剩下来一组"好"
的结构，而且这种"好"结构在某种合理的意义下是充分
"大"，那么局面就可以控制，并且可以导出有意义的分类。

老工具和新工具

早在 1900 年左右，大家就已经认识到，数学方法大多是一种混合物，是把代数定理和拓扑定理按照各种比例配合而成的混合物。其后二三十年，"抽象"代数及拓扑学诞生了。当时已经认识到，为了增加代数及拓扑概念的用处，最好把它们从特殊的理论中所带来的特殊性去掉而保留它们在这些问题当中显示的威力。1940 年左右，"近世代数"及"一般拓扑"的有用部分已经明显地被勾画出来，一直到现在它们还保持当时的面貌，形成我们现在所说的"基础数学"：域上的线性及多线性代数、度量空间及一致性空间，它们结合后所成的局部凸向量空间［主要是巴拿赫空间及富瑞歇（Fréchet）空间］理论以及积分理论。

1940 年以后，这个工具箱中又加进了相当大量的新工具，这些发展大多可追溯到代数思想及几何思想的（各种不同类型的）相互作用。其中最突出的是同调代数的产生，它来自如下的认识：同调群（它在某种意义下"测量"一个复形距离零调复形的"偏差"）同样可以应用于许多代数的情形，以类似的方式"测量"一个多少任意的算子区上的模的表现性质与有限维向量空间的表现性质之间的"偏离"。最近，原来讨论纤维丛的同构类的拓扑" K 理论"也可以搬到任意范畴中去，这要借助于同伦的拓扑概念来解释组合概念经过极不平常的造法来实现［见 LN 341］。在交换代数（代数学中一个活跃的新分支,现在在许多数学理论中有应用)中,引入拓扑结构以及完备化的这种拓扑的想法特别重要。另一方面,正是广义函数论的代数特征使得测度论这么有用的推广得以成功,而代数学与拓扑学的最完美的结合则是赋范代数理论,它使谱理论及其应用获得惊人的更新。

当代许多数学分支的另一个特色是使用"局部化"(localization)与"整体化"(globalization)这一对孪生观念。局部存在定理从柯西(Cauchy)起就已为人熟知,但分析中的整体研究一直到 19 世纪末期出现庞加莱及班勒卫(Painlevé)的开创性工作之前还是非常少见,非常特殊的。目前的新情况是这些分析概念远远跨过了分析及微分几何的范围,通过引入拓扑观念而进入抽象代数几何学及数论当中去。此外,由于引入了奇妙的多面手"纤维化"和"层"使得它们的应用越发地方便了。而同调概念的引进使得由局部性质过渡到整体性质的"障碍"得到精确的描述。最后,我们也不能小看范畴论对于许多数学理论的冲击。范畴论不能说是一种新工具,比如说,不能说它比布尔代数更强,如果想用范畴论来大大简化困难的证明那是不现实的。但是,范畴论提供了:

(1)一种普遍适用的格式,正如早期的集合论一样;

(2)十分有用的一般观念,如可表函子及伴随函子;

(3)指导原则,如"不要只定义对象而不定义其间的射

（morphism）"。

把"集论映射应看成一种特殊类型的射"这种思想加以推广，就有助于澄清像代数群或形式群这些错综复杂的概念，为此，只需要把它们塞进范畴上的代数结构这种一般概念中去。但是，范畴的最了不起的应用是大大推广经典的拓扑观念而得出非常根本的没有料到的新概念：格罗登迪克拓扑[或"位"（sites）]及其上定义的层"拓扑斯"（topoi）。

个别的趋向及结果

现在，我们来个别地考查当代数学中某些最重要的分支。显然，在 1940 年以后，其中大多数分支中所用的方法甚至于基本概念已经有了根本的改变。我还要提到从那时起已经解决的最突出的问题。

1. 逻辑及基础

众所周知，19 世纪后半期以来，数理逻辑及集合论的发展引起当时许多数学家的兴趣乃至极大的热情，他们甚至并非逻辑专家，也毫不迟疑地参与由这些问题引起的论战。到今天，这种局面完全两样，我觉察不到当代数学界的年轻的领袖人物对于基础问题表示过任何兴趣，除非他们专搞这一行。我想，这是由于这样的事实，自从策梅罗（Zermelo）、弗兰克尔（Fraenkel）及斯克兰（Skolem）清楚地表述公理化集合论以来，它已给几乎所有的数学家（除了少数"直觉主义者"

及"构造主义者"①以外)提供了他们工作的一个令人满意的基础,以至于实际上没什么人再找麻烦去提它了,所有的论证都用"素朴"集合论的语言来表述。我不认为有很多数学家真正相信该公理系统中还有矛盾的危险。

然而,数理逻辑比以往更加活跃,这方面的专家正在发掘一堆另外的逻辑体系,例如"二阶"逻辑、模态逻辑、多值逻辑等,而对于在其他领域工作的数学家,这些逻辑完全用不上。要不是它有某些惊人的成就而使它与其他数学领域保持十分密切的接触,似乎就可以说,数理逻辑肯定"离开主流"了。

首先,我要谈到两个关于逻辑方面的希尔伯特问题(第二问题及第十问题)的著名解决。哥德尔(Gödel)及 P. 柯恩(P. Cohen)的"模型"证明选择公理及连续统假设 $2^{\aleph_0} = \aleph_1$。在策梅罗-弗兰克尔的体系中是不可判定的命题。并且,柯恩开创的强有力的新方法——"力迫法"已经被人应用来证明集合论中的另一些未解决问题的不可判定性。现在我们所面临的不能预见的情况是,除了基本的策梅罗-弗兰克尔公理系统以外,我们还可以选择无穷多个不同的公理系统,而不致冒比策梅罗-弗兰克尔公理系统有更多的矛盾的风险。某

---

① 迅速查一下某一期《数学评论》(除了逻辑与集合论这一节),在 1 500 多篇文章中,平均只有一两篇是涉及直觉主义或构造主义的禁戒的。

些数学家对此感到有些为难，我想没有人能够猜出事物将会如何演变以及是否某一天会搞一次普查看看什么公理是构成数学的基础。幸运的是，属于"主流"的绝大多数数学结果只用到策梅罗-弗兰克尔公理，从而完全与另外的公理的选取无关。

另一个希尔伯特问题是：是否存在一个正则算法，它可以在有限步内判定一组给定的丢番图方程是否有解。即使还不能肯定希尔伯特希望得到一个肯定的答案，当今大多数数论专家会猜想答案是"否"！1970 年马蒂耶维奇（Matiasjevich）证明的确如此。他的文章建立在以前 J. 罗宾逊（J. Robinson）、M. 戴维斯（M. Davis）及 H. 普特南（H. Putnam）关于递归函数理论的基础之上。然而，应该觉察到其中的"直觉"成分，因为用同样的方法可以证明，存在一个 21 变量的整系数多项式，它在整点取的正值恰好是所有的素数：这肯定是一个完全不同的对象！

通过使用"超积"（ultraproduct）及"非标准分析"，逻辑对数学施加决定性的影响。这些实际上都是可靠的数学概念，它们可以完全不用任何逻辑来定义，但是这种态度会引起误解，因为它会使导向这种方法的主要思想模糊起来。这些思想还可能使这种方法进一步发展，从而更加扩大它们已经很广泛的应用范围。

2.代数拓扑学与微分拓扑学

代数拓扑学与微分拓扑学通过它们对于所有其他数学分支的巨大影响,才真正应该名副其实地被称为20世纪数学的女王。其主要概念仍旧是1940年前发现的那些:同伦、同痕、同调及上同调、莫尔斯理论,但是,它们在许多方面已经大大地分化及丰富起来,出现了如单同伦等价、"广义"上同调理论以及最近的 D. 苏里汶(D. Sullivan)的有理同伦等数学概念。除了传统工具之外,还加上大量新工具:CW 复形,鲍克斯坦(Bockstein)运算、斯廷洛德(Steenrod)约化幂、艾伦伯格(Eilenberg)-麦克莱恩(MacLane)空间、纤维化及上纤维化、分类空间、示性类、托姆(Thom)复形及配边群、麦赛(Massey)积及怀德海(Whitehead)积、怀德海挠元等。自然我们不该忘掉各种同调代数的工具,像单形理论及 K 理论的应用,特别是著名的谱序列,这是勒雷(Leray)发明来处理纤维丛的上同调的,但是它在各种各样的情形下都能用得上。

这些新方法带来特大的丰收,由于篇幅有限,我只能提到其中最惊人的成果。最初的成果是几乎完全决定出单李群及其许多齐性空间的上同调环,这个问题从1930年起就已经是著名问题了[6]。其后是关于同伦群的头几个一般的结果,即塞尔(Serre)证明球面的同伦群 $\pi_m(S_n)(m > n)$ 的有限性[除了 $\pi_{2n-1}(S_n)$ 当 n 为偶数时是例外]以及西群及正交群的同伦群的鲍特(Bott)周期性定理。1954年以后,最突出的成就是各种"流形"的理论,更确切地说,是研究流形的三个主要范畴:TOP,PL,DIFF。它们都是用通常"地图"的方式来定义,即通过把流形的开集同胚地映到 **R**^{n} 的开子集上,它们的区别在于这些地图之间的转移同胚所加的条件不同(TOP 是不加条件,PL 是加分段线性条件,DIFF 加 C^∞ 条件)。1960 年以前,理论仅限于 PL 及 DIFF,因为没人能对 TOP 做什么。主要问题是在已知 PL 流形上何时存在一个 DIFF 结构,并且在 DIFF 等价下分类这些 DIFF 结构。随着米尔诺(Milnor)发现球面 S_7 上存在一个以上 DIFF 结构的同构类以及葛外尔(Kervaire)的反例——一个 10 维 PL 流形上根本没有 DIFF 结构而首先取得突破之后,这个问题大体被解决。其后不久,斯梅尔(Smale)解决了维数≥5 的 DIFF 流形的庞加莱猜想,他应用受莫尔斯理论启发而来的"换球术"(surgery),证明了具有球面的同调的单连通紧流形同胚于(但不一定微分同胚于)一个球面。

关于 PL 及 TOP 的相当的问题是,何时一个 TOP 流形上存在一个 PL 结构,并加以分类(后一问题是代数拓扑学初期著名的"主猜测"的推广,主猜测是猜想在同样的 TOP 流形上所有的 PL 结构均 PL 等价)。这个方面头一个结果是,在 TOP 范畴中证明维数≥5 的庞加莱猜想[M. H. A. 纽曼(M. H. A. Newman),1966],然后在许多数学家的初步结果的基础上,1969 年这个中心问题被克拜(Kirby)及基奔曼

(Siebenmann)完全解决。如通常一样,也是低维造成麻烦,但是这回同庞加莱猜测的情形不同,特殊的例子表明:"障碍"肯定存在,而不只是缺少证明的技术。

人们早就认识到,甚至在处理有限复形时,使用无限维空间(如艾伦伯格-麦克莱恩空间)是非常有用的(在克拜-基奔曼的证明中,无限维的分类空间起着根本的作用)。但是,一开始研究用巴拿赫空间或富瑞歇空间代替 $\mathbf{R}^n$ 为模型所得到的无限维"流形",就发现一些看来是病态的性质,它显然抹掉了许多有着代数拓扑意义的区别。例如,所有的无限维可分富瑞歇空间都彼此同胚,一个无限维的希尔伯特空间与该空间中的一个点的补空间同胚,等等。然而,最近越来越明显,应用这些结果有助于解决有限维情形的经典问题。这个方法最近的成功是 J. H. C. 怀德海猜想的第一个证明:任何 CW 复形的同胚都是单同伦等价[外斯特(West)及钱普曼(Chapman)],它是通过研究无限维拓扑学中相类似的问题推导出来的。

3. 微分流形与微分几何学

关于微分流形的基本事实是微分流形的上同调,可以用流形上的微分形式来表述[德·拉姆(De Rham)定理]。事实上,最近苏里汶(用更精致的拓扑及代数的工具)证明,可以由微分形式的表现中抽出来多得多的信息,多到接近这个理论的最后的梦想——按照微分同胚来"分类"紧致微分流形。他的理论是对于每一个紧致微分流形都指定一组代数不变量同它对应,使得对应于同一组不变量的微分同胚类只有有限多个(参考文献[10])。

微分流形上许多著名问题由于运用精巧的拓扑工具而获得解决。例如,J. F. 亚当斯(J. F. Adams)应用 K 理论决定出 S_n 上线性独立向量场的最大数目以及能够定义概复结构的球面仅有两个,即 S_2 及 S_6[A. 保莱尔(A. Borel)及塞尔]。

无穷可微(C^∞)映射 $f:M \rightarrow N$ 的奇点理论也取得很大的进步。由于可能出现几乎是任意的"病态"情形,这理论原先看起来毫无希望。其问题是通过下面的等价关系来"分类"这种映射,即 f 与 f' 看成"等价"。如果 $f' = h \circ f \circ g$,其中 g 和 h 分别是 M 和 N 的微分同胚,或者 g 和 h 分别是 M 和 N 的同胚。惠特尼(Whitney)及托姆引进来的新思想是集中注意于"一般的"映射。其主要结果[J. 麦泽(J. Mather)应用马格朗日(Malgrange)的基本的"预备定理"得出的]是决定在什么情况下,"一般"映射(在上述这一个或另一个等价关系下)在某种合理的拓扑意义下构成"大"的映射集合。

当一个微分流形赋予一个黎曼结构以后,黎曼结构与流形的拓扑性质之间就有许多关系。例如,假设一个紧致连通黎曼流形 M 在每一点的截面曲率都落入区间$[\beta,1]$ 中,其中 $\beta > \frac{1}{4}$,则 M 同胚于一球面。另外一些突出的结果是把 M 的

上同调和 M 上几何上相异的闭测地线数目联系起来(这个问题可追溯到庞加莱),如果闭测地线是无限多条,则 M 的上同调环不可能由单独一个元素生成[10]。

4.常微分方程

常微分方程的定性理论是在 1880 年由庞加莱奠定基础的。后来在 20 世纪头 30 年中经李雅普诺夫(Liapounov)、柏克荷夫、当若瓦及西格尔所发展。回顾一下历史,我们可以看到这个理论实际上可以说是我们时代的分析的尖端——**大范围分析**(或流形上的分析)的前身。从 20 世纪 30 年代初期起,这个理论没有什么很大的进展。后来,柯尔莫哥洛夫在 1954 年引进新方法,使他得以克服"小除数"的困难,这种困难一直折磨着研究哈密尔顿系统的前辈们,其后不久他的思想使得 V. 阿诺德(V. Arnold)得出了太阳系稳定性的结果。1960 年,斯梅尔及佩梭透(Peixoto)以及跟着他们的一大批有才华的年轻人,再加上俄国学派共同搞一个大项目——分类紧致微分流形上的微分方程组(或通常所说的"动力系统")以及这种流形上的微分同胚。为了避免熟知的病态,其主要思想仍然是找出一些简单的性质,它在下面意义下是"一般的",即在所有的微分同胚(或向量场)所构成的赋予 C^r 拓扑的空间中,形成一个非空开集[或至少是一个拜尔(Baire)集]的那些微分同胚(或向量场)所共有的性质。佩梭透的漂亮结果解决了二维问题,在高维情形,问题要复杂得多。但是，由于引进许多有趣的新类型的微分同胚，还是取得了非常实质性的进展，几乎每一年在这个活跃的领域中都有新的创见[3,9]。

5. 偏微分方程的一般理论及叶状结构

由常微分方程到多个独立变量最直接的推广是完全可积微分方程组的理论。1940 年以前，这个理论几乎完全是局部理论，1948 年左右，埃雷斯曼才开始研究积分流形——所谓叶状结构（foliation）的大范围理论。其后几年，由他及他的学生瑞毕（Reeb）加以发展。但是，没有引起很多注意，一直到 1960 年左右出现了海富利热（Haefliger）论解析叶状结构及 S. 诺维科夫（S. Novikov）关于三维紧致流形上的叶状结构中紧叶的存在性等文章后才活跃起来。其后不久，鲍特发现流形上存在叶状结构的拓扑条件，海富利热发展了一种结构的漂亮的同伦理论，这种结构是叶状结构的推广，而且更容易掌握。最近，一群有才能的年轻数学家正在打头阵，他们证明了，比如说，在欧拉示性数为 0 的紧致流形上的余维为 1 的叶状结构中有紧叶存在[色斯顿（Thurston）]，在 S_3 上存在着没有零点的 C^1 向量场，它不具有紧轨道[施外则（Schweitzer）]（见 B 434，499）。此外，还发现在叶状结构的拓扑不变量[特别是高德比庸（Godbillon）及魏（Vey）所发现的不变量]与最近盖尔凡德及富克斯（Fuks）所创始的微分向量场的上同调理论之间显示有突出的联系[2]。

偏微分方程的一般理论以前只在解析方程方面发展,其主要结果一方面是 E. 嘉当所创始的普法夫方程组的局部理论为仓西(Kuranishi)所完成,并由 D. 斯潘色(D. Spencer)用上同调形式加以表述;另一方面 J. 勒雷应用他的残数理论(见 B 202)把线性常微分方程的经典性质推广到解析线性偏微分方程上去。

6.线性偏微分方程

1940 年以来,这个理论在泛函分析的新工具的推动下得到巨大的发展。谱理论及广义函数论的结合特别成功,这是通过大力推广方程组的"解"的意义,从而可用希尔伯特空间的技术来处理它们而取得的。

1960 年左右,用这种方法得到许多关于边值问题的解的存在性与唯一性的一般结果。特别是对于常系数方程,似乎给专家们这样的印象:大多数问题已得到最终解决。但是,其后 10 年,理论开始沿着完全不同的方向发展,过去几乎完全靠"先验不等式"及常系数微分方程,而现在的主要思想是把线性微分算子考虑为更大一类算子——伪微分算子类中的元素,而伪微分算子又是更一般的一类算子的特殊情形,这后一类包括积分算子及许多其他类型的算子。这些算子把以前由米赫林(Mikhlin)、卡尔德隆(Calderon)及齐格孟(Zygmund)所引进的奇异积分算子加以推广,并使它们的定义大大简化,而且具有非常方便的代数性质及不变性质。

这些算子的应用把线性偏微分方程算子理论的整个外观及哲学完全改变了：现在我们有一个明显步骤来计算边值问题的解（如果解是唯一的），由这个步骤可以立即得出这样的事实：这个解在它有定义的区域内部是真正"光滑的"。而以前一般只能证明存在"弱"解，然后再通过繁复的论证来证明它的确是个真正的解。

再者，常系数方程已从理论的中心位置降了级，过去这只是因为它们作为通过逼近而达到更一般情形的中间阶段才是合理的。但是，现在除了冗繁的技术外，在微分同胚下自然不变的问题中，先验地强调其重要性是完全没有保证的，因为这些方程显然不具有这种不变性质。

然而，在一种平行而且独立的发展过程中，常系数方程在李群及齐性空间上的不变微分算子的一般理论中找到它天然的归宿。这是大范围分析中的一个极其活跃的分支，其中可以发展位势论、调和函数论、泊松公式以及它们与概率论的关系（B 268，370）。这些算子在非交换调和分析中也起着基本的作用（见第 9 节）。

在微分流形上考虑微分算子的思想，可追溯到黎曼及贝尔特拉米（Beltrami），并可看作大范围分析的最初的例子。20 世纪 30 年代，浩治的工作更加突出这种观点对于研究流形的拓扑性质的用处。这个想法由于著名的阿蒂亚

(Atiyah)-辛格(Singer)公式而大大深化。阿蒂亚-辛格公式是黎曼-洛赫(Roch)定理深远的推广,并且是 K 理论的漂亮的应用。事实上,阿蒂亚-辛格定理也是引进伪微分算子的主要推动力,此外它还引发了线性偏微分方程与代数拓扑之间大量的类似的联系。当前,最突出的联系可能是阿蒂亚及鲍特推广光滑流形上的列夫席兹的不动点公式,他们把德·拉姆复形换成任意的椭圆算子复形。同调的另一个漂亮的应用是阿蒂亚、鲍特及伽丁(Garding)推广彼得洛夫斯基(Petrowsky)关于"孔"(lacunae)的理论,这是双曲型方程理论中著名的惠更斯(Huyghens)原理的推广及解释。

7. 巴拿赫空间,谱理论,巴拿赫代数

1920—1940 年所发展的局部凸向量空间理论的技术在 1945 年后主要通过沙顿(Schatten)及格罗登迪克引入拓扑张量积的理论而完成。在这个理论的发展过程中,使得格罗登迪克引进一种新型的拓扑凸空间——核空间,它在许多方面比巴拿赫空间还接近于有限维空间,并且具有许多卓越的性质,使它在泛函分析及概率论的许多分支中证明是非常有用的。

巴拿赫时代就提出来的两个老问题直到最近才被 P. 恩福楼(P. Enflo)都给否定地解决掉:他造出一个可分巴拿赫空间,其中不存在(巴拿赫意义下的)基;他还造出一个可分巴拿赫空间的紧算子的例子,它不是有限秩算子(关于

紧集上的一致收敛拓扑）的极限。

1900—1930 年由希尔伯特、卡勒曼（Carleman）及冯·诺伊曼(J. von Neumann)所发展的希尔伯特空间的算子谱理论由于盖尔凡德及其学派于 1941 年所创始的巴拿赫代数理论而大大简化及推广。但是，这个理论中最有趣的部分仍然是冯·诺伊曼代数的研究。冯·诺伊曼代数的研究开始得稍早一些，它和希尔伯特空间中局部紧群的酉表示理论有着非常紧密的联系（见第 9 节）。在冯·诺伊曼的先驱性文章之后，这些代数的分类没有取得多少进展，特别是相当神秘的"Ⅲ型"因子，到 1967 年，不同构的Ⅲ型因子只知道 3 个。其后，事情发展很快，几年之内许多数学家发现了新的Ⅲ型因子，一直到 1972 年到达顶点，发展成一般的分类理论，这个分类理论是建立在富田（Tomita）的思想及康耐（Connes）定义的新的不变量的基础上的，康耐的不变量使他解决了冯·诺伊曼代数理论中许多未解决的问题。

8. 交换调和分析，遍历理论，概率论及位势论

虽然这四个理论的来源各不相同，但它们密切相关，特别是通过它们所用的积分论彼此关联。

1925 年以后，傅里叶变换的应用扩展很快，它成为概率论的主要工具，并成为定义伪微分算子的基础（见第 6 节），此处把它推广到广义函数上当然是关键的一步。但是随着

1930—1940 年把调和分析推广到所有的局部紧交换群上,出现了没有预料到的新应用,其中最了不起的是把代数数论变成为调和分析的一章(见第 13 节)。

1950 年以后,调和分析的一般趋势集中于涉及"例外集"(这可追溯到 G. 康托尔及其早期研究的单性集)的困难问题方面,要不是巴拿赫代数及拓扑张量积进入这个问题中去以及这些"例外集"与丢番图逼近之间的神秘联系等,这种趋势本该使这种理论"脱离主流"。

但是,最突出的成就是 L. 卡尔逊(L. Carleson)(1966)肯定地解决了古典傅里叶分析理论中的鲁金(Lusin)问题。他通过特别精巧的区间划分证明了一函数 $f \in L^2$ 的傅里叶级数几乎处处收敛于 $f(x)$。R. 洪特(R. Hunt)已经把这个结果推广到所有 $L^p(p > 1)$ 的函数上。

遍历理论来自统计力学,它成为数学的一门学科只是在概率论成为测度论的一部分之后才有可能。其后,这个理论扩展了它的范围,包括保测变换及其在自然的同构概念下的分类的研究。在柏克荷夫及冯·诺伊曼于 1930 年左右得到著名的遍历定理而取得首次突破后,引入第一个不变量,这个不变量把每一个保测变换的同构类对应于一个希尔伯特空间的酉算子,但是,这个不变量本身不能刻画所有的同构类。1958 年柯尔莫戈洛夫取得了决定性的进步。他引进一个新的不变量,他称之为熵,这个卓越的想法使得他立即证明了,比如说熵能区别开最常研究的一类保测变换——伯努利位移中的无穷多种的不同构的类。这个思想被柯尔莫戈洛夫学派及美国的奥恩斯坦(Ornstein)所发展,奥恩斯坦把这理论推向顶峰,他证明柯尔莫戈洛夫的熵能够完全分类伯努利位移,具有相同的熵的两个伯努利位移是同构的。接着主要是奥恩斯坦及其学派得到许多类似的结果。

位势论也来源于物理学。在 19 世纪,它是研究拉普拉斯方程的边值问题的一个部分,即把解表示成积分算子,它关于一个测度 μ,对于适当的"核"函数 K,对应一个形如

$$x \to \int K(x,y)\,\mathrm{d}\mu(y)$$

的函数。1930 年左右起,这种积分算子的研究逐渐离开古典的"牛顿"理论,而集中于把牛顿位势的各种性质(极大原理、容度、"扫散"等)推广到适当的"核"上面。这就使得位势论同分析的许多其他部分,例如非交换调和分析(见第 9 节)半群理论,特别是概率论发生接触。位势论与概率论之间的联系是相当出人意料的,而且被证明对于两个理论都是富有成果的。

9. 李群,非交换调和分析及自守形式

当 1925—1930 年 H. 外尔(H. Weyl)及 E. 嘉当发展了半单李群及其有限维表示以及对称空间的大范围理论后,似乎

可以认为李理论这一章由此结束。然而，恰恰相反，许多数学家如考克斯特（Coxeter）、岩泽（健吉）（Iwasawa）、薛华荔、A. 保莱尔、F. 布吕埃（F. Bruhat）、柯尔曼（Coleman）、斯泰因伯格（Steinberg）、柯斯坦特（Kostant）、梯次（Tits）、I. 麦克唐那（I. Macdonald）[对于麦克唐那，见 B 483]不断把许多新的（并且总是）神奇的性质添加到关于这些突出的对象的知识中来。

1939 年，物理学家维格纳（Wigner）定出洛仑兹（Lorentz）群的无穷维不可约表示而开辟了一个新的研究方向。这是李群（或更一般局部紧群）无限维表示的庞大理论的起点，这个理论也叫非交换调和分析，它是当前最活跃的研究领域之一。可以说它是当今数学的缩影，它不只从李理论，而且还从大范围分析谱理论及广义函数论等分支取得工具及概念（见 LN 388,466,587）。最令人惊叹的结果是哈瑞什-钱德拉（Harish-Chandra）发表在一系列（尚未完的）艰深文章[11]中的关于半单群表示的工作，其他数学家又补充了许多重要的性质。由狄米埃（Dixmier）开创的幂零李群的表示理论，基里洛夫（Kirillov）似乎已给了它最后的形式。最后，错综复杂的可解李群的表示理论已由普堪斯基（Pukanszky）、狄米埃学派、L. 奥斯兰德（L. Auslander）及 B. 柯斯坦特取得了许多进展（见 LN 388）。

然而，近年来最突出的新东西是研究 p-adic 半单代数群及"阿德尔"半单代数群的无穷维表示,特别是关系到离散"算术"子群(见第 13 节),从而涉及自守形式理论及[通过海克(Hecke)的思想]狄利克雷级数。这里我们到达了一个迷人的理论的核心,它有着极其丰富的结构,调和分析、全纯函数、群论、代数几何及数论同时并存其上,后面我们还要回到其算术方面。但是,现在还在这个领域中活跃的数学家[哈瑞什-钱德拉,A. 韦伊、盖尔凡德及其学派、戈德曼、A. 保莱尔、雅盖特(Jacquet)、朗兰兹(Langlands)及德林(Deligne)等]的进一步工作中,我们还可以期待更多的进展。会有大量激动人心的猜想有很大推进,到现在为止所得到的正面结果十分鼓舞人心,特别是从 20 世纪 30 年代阿廷的工作以来,我们对于非阿贝尔类域论将是什么样子已经有了某种确切的想法[8]。

10."抽象"群

这个理论是很少的理论之一,它最近的发展是由于更巧妙地使用老工具:像组合的论证、特征标理论及西洛(Sylow)子群。例如 P. 诺维科夫(P. Novikov)及其学派通过冗长的组合论证,造出一个无限群适合柏恩塞德(Burnside)条件:G 有有限多个生成元,并且存在一个整数 $n \geqslant 697$,使得对于每个 $x \in G$,有 $x^n = e$。

然而,群论的最新进展是来自与数学其他分支的联系,例如,早就认识到(1920 年左右已经在自由群的理论中)拓扑的概念可能非常有用，如果把一个群同一个拓扑空间联系起来而该群作用于这空间之上。特别是沿着这条路，斯托林斯（Stallings）最近证明了：上同调维数≤1的有限生成的群是自由群（见 B 356）。如果群可以作为一个离散子群嵌入在半单李群中，就可以得出更好的结果，因为这时群所作用的对象——相应的对称空间——有着更丰富的结构。A. 保莱尔及塞尔用对称空间一种巧妙的"紧化"把这种思想成功地加以发展。

再者，对于没有这种嵌入的一些群，塞尔发现有时可用对称空间的一个好的代用品，即梯次-布吕埃的"建筑物"（buildings），在建筑物上可使群作用而得到非常类似的结果。这种非常有趣的组合对象首先是梯次从薛华荔群理论中抽象出来的，他和布吕埃用来发展成一套局部域上的代数群的非常一般的理论。但是它们现在似乎跑到了最不该去的地方，像曼福德（Mumford）的不变式论及魁仑（Quillen）最近的 K 理论的定义，并且它们与对称空间的类似之处也被推广成离散情形下相应的调和形式、球函数、位势等。

另一个突出的关系是薛华荔发现了一个普遍方法，对于任何一个复单李代数及任何域 K，都对应一个抽象群，当 K 有限时，这个群也有限，并且除非域只有 2 个或 3 个元素，这个群是单群。这就"解释"了过去若尔当（Jordan）及狄克逊（Dickson）所观察到的在李理论的典型群及"抽象"典型群之间的一致性,并且使这个从 20 世纪初一直沉睡的有限单群理论开始苏醒。

首先观察到将薛华荔的方法约略变形一下就得到其他有限单群的系列。同时费特(Feit)及汤姆生(Thompson)用群论的所有经典工具通过归谬法的惊人证明(300 页长!)成功地证出柏恩塞德的老猜测:所有非交换单群均为偶阶。其后不久,汤姆生用同样方法明确地确定了所有的极小不可换单群(不含不可换单群为其真子群)。

1963 年,似乎我们已经掌握了有限单群的全部名单,即由薛华荔方法及其精密化所得出的李型单群再加上交代群及马丢(Mathieu)在 1860 年发现的 5 个群。然而,1966 年,南斯拉夫年轻数学家杨珂(Janko)发现了一个 175 560 阶的新单群。其后几年,地狱之门大开,一片鬼哭神嚎:除了马丢群之外,现在大约还有 20 个"散在"单群,其中最大的阶数 $\geqslant 10^{24}$。它们要通过 5 次或 6 次不同的组合或群论的构造才能得出来。直到最近,没人对这局面有更多了解,我们也好像核物理学家面对着他们的成百的"基本粒子"一样处在同样的困境之中。我们可以说"进步"在于我们远离正在接近的最后目标,达到一个极端混乱的状态的感觉。关于这方面最近的消息是:由于最近的新思想,经过 20 年(!)的非凡努力,有希望重新掌握局面,使得最后把所有的有限单群都确定出来(见 B 502)。

11. 解析几何

最后，我们来讲互相关联的三个理论——解析几何、代数几何及代数数论。一方面，它们的传统表述已经由于近代的概念而变化；另一方面，它们彼此之间密切接触，很难拆开，从而可以把它们看成一门学科的三个方面。

解析几何这个词现在用于表示多复变函数论及其在大范围分析的精神下的推广。20 世纪初期的一些初步结果已经表明从单复变过渡到多复变其间的差别是多么巨大。多复变的一般理论只是在 1930 年到 1950 年这段时期内通过 H. 嘉当、P. 图仑（P. Thullen）及 K. 冈（洁）（K. Oka）的基本贡献才有苗头，他们的多数结果主要是讨论空间 C^N 中的开集上定义的函数。但是同时 H. 外尔及浩治关于复流形的研究工作是沿着不同方向进行的，这两个趋向合并起来构成解析空间这个一般概念。当时 H. 嘉当及塞尔认识到勒雷的层的理论特别适于内蕴地表示嘉当-冈的结果。解析空间最好的定义是把它考虑为"环式空间"的特殊情形，环式空间即拓扑空间，其上定义有环层并满足某些条件。

这种新的上同调技巧几乎立即使一些关键问题得到解决。例如，正则域的刻画（列维问题），斯坦因（Stein）空间理论（基于 H. 嘉当的著名定理 A 与 B），关于真映射的直接像的格劳尔特（Grauert）定理以及关于紧复流形的塞尔对偶定理。

最近,映射的或空间的奇点理论得到显著的进展,如广中(平祐)(Hironaka)关于解析空间的奇点的解消,孤立奇点的拓扑研究[曼福德,米尔诺,范(Pham),布瑞思康(Brieskorn)],怪球与单李代数的邓肯(Dynkin)图之间的神秘关系以及勒雷的残数理论。

其他有趣的发展是:一方面是推广到 p-adic 簇上,另一方面是推广到巴拿赫型或其他型的无限维复簇上。这些并非追求一般性的盲目推广,因为 p-adic 解析函数越来越成为数论中不可缺少的部分,而在泛函分析中,长期以来一直需要一个无穷维流形的好理论,特别是在力学的应用中,处理无穷多参数很自然地提出这些问题。巴拿赫型簇的最了不起的应用是杜阿第(Douady)用来研究通常的有限维复流形。他已经证明出,在一个(有限维)复流形中的所有解析子流形所构成的集合上存在一个局部有限复簇的结构。他的证明中极有创见的想法是首先证明在该集合上存在一个巴拿赫型簇的结构,然后证明这个结构在每点的邻域实际上是有限维。

12. 代数几何及交换代数

在 19 世纪,代数几何主要讨论 $P_2(C)$ 及 $P_3(C)$ 中的代数曲线及代数曲面,它实质上是复分析中的一章。虽然 1882 年克罗内克(Kronecker)、戴德金(Dedekind)及韦伯(Weber)已经证明可以用纯粹代数的方法来处理,但是只有到 1926 年以后,代数方法的必要性才十分明显。这时主要问题是从根本上建立起任意域（特别是特征≠0的域）上的"抽象"代数几何,这不仅出于希望有最大的普遍性,而且因为如果要更好地了解丢番图分析非得这样做不可。特别困难的是要为前辈（特别是卓越的意大利学派）的深邃的几何直观找一个代用品,它要能在这个大大扩展了的领域中行得通,同时还得建立在稳固的基础上,不那么摇摇晃晃。

最初的努力（特别是范·德·瓦尔登的努力）,没能达到这个目的,主要的麻烦在于"交截理论",这最终被A.韦伊在他的艰深的《基础》中掌握了。在他的这本书中代数簇的概念才第一次把它从射影空间的嵌入中解放出来。而查瑞斯基（Zariski）在不同的方向上耐心地发掘新的代数及拓扑概念,我们今天看起来这的确是为更好的成就打下了基础。他们工作的直接后果是他们还有他们的学派把古典代数几何中一大部分推广到"抽象"的情形,其中最突出的成就是A.韦伊在1948年证明了所谓"有限域上的曲线的黎曼猜想"。

1950年以后出现了一个新的转折点。虽然韦伊-查瑞斯基时期的工作是纯代数的,但是查瑞斯基已经观察到某些结果如果翻译成适当的拓扑语言可以表达得更好。韦伊凭借这种拓扑之助指出,代数中"除子"的概念与"纤维丛"这个拓扑概念之间有密切的联系。其后,1955年,塞尔发现他与H.嘉当在解析几何中所用的层论方法也适用于任意域上的代数几何,这只需用查瑞斯基拓扑把环式空间一整套机构搬到韦伊所定义的代数簇上。就这样,他在"抽象"情形下恢复了 19 世纪几何学家所熟知的代数几何与分析的亲缘关系。

格罗登迪克几乎立即认识到塞尔的想法可以大大推广,于是他开始发展他庞大的概型(scheme)理论。概型理论现在已经包含全部的交换代数为其特殊情形。他的理论所引入的概念、方法及问题是如此丰富,以致好几代的数学家都可把它当作自己终身职业去开发这片漫无边际而且大都尚未测绘的领土。

当然,正如在解析几何中一样,层的上同调成为基本工具,它把意大利学派的技术翻译成近代的词汇(当然更"抽象",但是更一般并且更容易掌握)。事实上建立于查瑞斯基拓扑上的"经典"的塞尔-格罗登迪克上同调现在有许多竞争者,这些上同调是建立在格罗登迪克拓扑的概念上或者是基于其他的考虑,现在还没有广泛的普查看看(如果有的话)谁"最好"。

不管从哪个角度来看,用这种方法所解决的问题已经可以开出引人注目的清单来。如格罗登迪克推广黎曼-洛赫-希策布鲁赫(Hirzebruch)公式,广中平佑的(cho 情形)奇点解消,曼福德的任意域上代数曲线的"模"问题的解决以及最近解决的意大利几何学家没能解决的老问题:存在单有理簇的问题以及决定特征系的完备性条件。

但是,1960 年以后,主要的开创性工作集中在关于有限域上的代数簇的 ζ 函数的韦伊猜想所涉及的一大套问题上。尽管这个问题本质上是算术问题,但研究其推论很快就发现它与阿贝尔簇特别是椭圆曲线以及海克的深刻的模型式理论及其被埃什勒(Eichler)及志村(五郎)(Shimura)推广的密切关系。这个方向上最有意义的结果是 1967 年德林得到的,他证明韦伊猜想蕴涵老的拉曼纽占(Ramanujan)、彼得森(Peterson)关于模型式的傅里叶系数的猜想。至于韦伊猜想本身,它是格罗登迪克发展概型理论以及定义"平展(etale)拓扑"及"平展上同调"作为证明的适当工具的主要动力,他和 M. 阿廷至少能解决韦伊猜想的容易部分——ζ 函数和 L 函数的有理性及函数方程,说明他的眼光远大正确,但是他们在这大有前途的领域面前停步不前,只有德林在 1973 年完成了这个猜想的全部证明。正如数学中常见的那样,这个巨大的成功并非本身的结局,它是通往一个新的、更加激动人心的未知领域的门的钥匙,这个未知领域充满了各种猜想,其中分析、代数几何及数论掺在一起成为一种妙不可言的鸡尾酒。

13. 数　论

超越数论及丢番图逼近论在 1930 年左右西格尔及盖尔芳德(Gelfond)的工作之后,一度沉寂,一直到 1955 年才取得显著进展，但也仅仅是把现成的方法加以巧妙地精密化，没有引进任何新概念。1955 年 K. 若斯（K. Roth）给出图埃（Thue）-西格尔的代数数的逼近定理的最佳估计，最近，W. 施密特（W. Schmidt）又把若斯的结果推广到联立逼近的情形。在超越数论方面，1966 年贝克尔（Baker）大大改进了西格尔及盖尔芳德的结果，例如，他证明，对于任意代数数 α，$\pi + \log \alpha$ 是超越数。并且，贝克尔的方法首次能够给丢番图问题的解一个明显的上界，而以前仅仅知道解的数目是有限的。作为例子，可举出二次域 $Q((-d)^{\frac{1}{2}})$ 如果类数为 2，我们有整数 $d > 0$ 的明显的上界。同样，对于任意整数 $D, y^2 = x^3 + D$ 的整数解满足

$$\sup(\mid x \mid, \mid y \mid) \leqslant \exp(10^{10} \mid D \mid^{10\,000})$$

代数数论则恰恰相反，其基本概念与 1925 年左右流行的概念完全不同。问题首先是在所考虑的数域的每个"位"上"局部化"，这就把这个域换成局部域——这就是该域在这"位"的完备化，然后，从局部问题回到整体问题，这是通过把数域嵌入在阿德尔环中——它是所有局部域的乘积的子环。主要新奇之点是进入该理论的交换群是局部紧群，因而调和分析这个有力的工具可以用得上。

我们现在正是在这样的体系中来表述阿贝尔类域论的结果，并且主定理的表述现在要用群的上同调。应用这种上

同调方法，这个理论最后一个未解决的问题最近被高洛德（Golod）及沙法列维奇（Shafarevich）所解决，他们通过细致地研究 p 扩张的伽罗瓦群及其上同调，造出有无穷多项的绝对类域"塔"的例子。

最近，代数数论最突出的结果是在算术群理论中得出的。如 $G \subset GL(n,R)$ 是一个半单李群，G 的算术子群就是与 $G \bigcap GL(n,Z)$ 可公度的子群 Γ[交 $\Gamma \bigcap GL(n,z)$ 在 Γ 及 $G \bigcap GL(n,z)$ 中都具有有限指数]。这些群的研究可以包括早先埃尔米特及若尔当的"形式的算术理论"（用另一种表述方式）的工作。A. 保莱尔及哈瑞什-钱德拉应用代数群理论阐明这理论中的"有限性定理"，并推广到所有的半单群。

并且，从"阿德尔"环的嵌入可扩张成 G 到局部紧"阿德尔"群 G_A 的嵌入，如果 $G_Q = G \bigcap GL(n,Q)$，那么研究算术子群 $\Gamma \subset G$ 就可以归结成研究齐性空间 G_A/G_Q，这里就可以应用哈尔（Haar）测度理论，给闵可夫斯基及西格尔的二次型的算术理论的古典结果一个新的表述，并把这理论推广到所有的半单群中去。

算术群 Γ 是使齐性空间 G/Γ 具有有限不变测度的群。长时期以来，人们就推测，除去少数肯定知道的例外[如 $G = SL(2,R)$]，所有具有这种性质的子群都是算术群。这个推测最终在 1974 年为马古利斯(Margulis)所证明,他进行了极为艰难而又繁复的论证,特别的,他还用到了遍历理论(B 482)。

$SL(n, Z)$ 的算术子群中,存在这样的子群,它可表为整数矩阵 X,使得 $X\text{-}I$ 的矩阵元被给定的整数 m 除尽。与这种群可公度的群称为"同余子群",对于其他类型的半单群,也可以定义类似的算术群。一个自然的问题是这样是否可以得出所有的算术群,最近用类域论的方法把这个问题完全解决,结果,解还同应用于数域的 K 理论密切相关。这就导致对该理论十分活跃的研究,它另一方面又联系到早期岩泽关于 p^n 次单位根的分圆域的类数的漂亮结果(B 394)。

记录很清楚,它本身就说明问题:可以毫不夸大地说,比起由泰利斯(Thales)到 1940 年以来,1940 年以后有更多有才能的数学家,数学中有更新的方法和思想,解决了更多的重要问题。几乎每一年我们都可以期待世界某地出现年轻的数学天才,他们的想象力使数学的某些学科获得出奇的新发展。只要数学家的生活及工作的物质条件能同"发达"国家的数学家相比,没有理由怀疑数学会不断地飞跃前进。

参考文献

文中字母 B 表示布尔巴基讨论班的"报告",该报告从 No. 1 到 No. 346 已由本杰明(Benjamin)出版社出版。

No. 347以后，见斯普林格（Springer）出版社的讲演录（Lecture Notes）179、180、244、317、383、431、514、567 等。文中 LN 表示斯普林格讲演录。

［1］A. Baker. Transcendental Number Theory［M］. Cambridge Univ. Press，Londo / New York，1975.

［2］R. Bott. Some aspects of invariant theory in differential geometry，in Differential Operators on Manifolds［J］. G. I. M. E. Ⅲ Ciclo 1975，49-145. Cremonese，Roma，1975.

［3］Dynamical Systems：Proceedings of a Symposium at Bahia［M］，1971（M. Peixoto，Ed. ），Academic Press［M］，London/New York，1973.

［4］P. Erdös. The Art of Counting：Selected Writings［M］. MIT Press，Cambridge Mass，1973.

［5］P. Erdös. Some recent advances and current problems in number theory in Lectures on Modern Mathematics［J］.（T. Saaty，ed. ）Vol. Ⅲ，p. 196-244，Wiley，New York，1965.

［6］W. Greub，S. Halperin，R. Vanstone. Connections，Curvature and Cohomology［J］. Vol. Ⅲ，Academic Press，NewYork/San Francisco/London，1976.

［7］T. Heath. Diophantus of Alexandria［J］. 2nd ed. ，Dover，New York，1964.

[8]J. Shalika. Some conjectures in class field theory，in 1969 Number Theory Institute[M]，Proc. Symp. in Pure Math. Vol. ⅩⅩ，Amer. Math. Soc. , Providence，R. I. ,1971.

[9] S. Smale. Differentiable dynamical systems[J]. Bull. Amer. Math. Soc. ,73(1967)747-817.

[10]D. Sullivan. Infinitesimal computations in topology [J]. Publ. Math. I. H. E. S. ,47(1977)269-332.

[11] G. Warner. Harmonic Analysis on Semi-simple Groups[M]. 2 Vols. Springer Verlag，Berlin/Heidelberg/ New York,1972.

（胡作玄译）

布尔巴基论布尔巴基

布尔巴基与当代数学①

H. 嘉当

尼古拉·布尔巴基是内容广泛的法文教科书的作者。虽然第一分册已在 1939 年发表,但这项工作还远未完成。到 1958 年已经出版了 20 分册,总共 3 000 多页。布尔巴基还在一系列的数学杂志特别是《数学档案》(*Archiv der Mathematik*)上发表过论文。此外,他还在巴黎搞了一个讨论班(所谓布尔巴基讨论班),整个法国及其邻近国家著名的教授和研究工作者在亨利·庞加莱研究所举行每年 3 次、每次 3 天的数学会议。直到现在已经在这个讨论班上报告过的文章大约有 150 篇。它们涉及极其广泛的数学专题,这些文章已经打印并在全世界数学界散发。

近年来,已有越来越多的人晓得布尔巴基。无疑许多人会问:"谁是布尔巴基?"他的工作给人以这样的印象:他不是位平平常常的数学家。现在对于他的身世得到可靠的消息

---

① 原题:Nicholas Bourbaki and Contemporary Mathematics。本文译自:Mathematical Intelligencer,1980,2(4):175-180.

仍然不容易，因为只有极少数人见过他。假如你试图从报纸或期刊上专门谈论布尔巴基的文章里探明这种消息，你就会发现其中的大量说法互相矛盾。即便你向有地位的数学家提出这个问题，他们也会以一大堆趣闻轶事来回答，最后还是把你搞得莫名其妙。于是你就不得不认真严肃地扪心自问："尼古拉·布尔巴基是否真的存在？"

为了使这种混乱局面最终得到澄清，我们转向一位我们完全可以信赖的数学家哥特富利德·科特（Köthe）教授（博士），他是约翰内茨古腾堡大学的前任校长，科特在" *Forscher und Wissenschaftler im heutigen Europa* "（《当代欧洲研究者及科学家》）中考查了布尔巴基的工作，他写道："这位作者的传记材料有些神秘和复杂。"再没有别的了。

幸运的是，我的一位希腊朋友告诉我一个发现布尔巴基家族起源的线索。所以，现在我可以给你们讲下面的故事。

据传说，17世纪克里特岛的爱国者在两兄弟的领导下与土耳其的侵略者作战。这两兄弟是埃曼纽尔及尼古拉·斯考迪里斯。他们的英勇气概给土耳其留下如此深刻的印象，以致土耳其人后来把他们称为"沃尔巴基"，即"军事首领"。尼古拉和埃曼纽尔十分自豪地取了这个荣耀的姓，并把这个姓传给子孙后代。在念这个姓时，他们把名字希腊化，把 V 变成 β，ch 变成 χ。一个多世纪以后，埃曼纽尔的一位曾孙索特·布尔巴基以地中海的海员而著名。拿破仑将军当时正在远征埃及,他的弟弟热洛姆派索特·布尔巴基到埃及并带给将军一个消息,要将军马上回来,越快越好。因为在当时政变的时机已经成熟。正如大家知道的,拿破仑成功地掌了大权。但是你也许不知道,正是由于对索特·布尔巴基的恩宠,拿破仑自己培养索特·布尔巴基的 3 个儿子。这 3 个儿子当中有一个后来成为法国的官吏,而他就是查理·索特·布尔巴基的父亲。查理·索特·布尔巴基是法国一位著名的将军,在 1870—1871 年的普法战争中,布尔巴基将军受命指挥在瑞士边境的部队,使得他们免于落入入侵的德国人的手中。据说他的妹妹嫁给尼古拉·斯考迪里斯的另一位后代。布尔巴基家族的两个分支的结合诞生出数学家尼古拉·布尔巴基,于是故事在继续。尼古拉·布尔巴基现在是玻尔塔瓦皇家学院的院士。

尽管我的希腊朋友有这种传说,但现在大多数数学家仍然相信,尼古拉·布尔巴基并不存在,他们认为布尔巴基是法国一群数学家的假名。波阿斯先生,《数学评论》的执行编辑,甚至于把这种意见发表在《大英百科全书》的条目上。很快,《大英百科全书》的出版者就感到自己处于非常尴尬的地位,因为他们接到一封由尼古拉·布尔巴基签名的措辞尖锐的信。信中他宣告,他无意允许任何人对他的存在的权利提出质疑,为了对波阿斯进行报复,布尔巴基开始散布流言蜚语，说什么数学家波阿斯（Boas）并不存在，而只是 B. O. A. S，而这不过是《数学评论》一群编辑用的假名而已。

可是，现在我们该离开想象的领域了，让我们把尼古拉·布尔巴基作为一个人是否存在的问题放在一边，来考虑一下他的工作，而这些工作更加肯定是存在的。因为我们自己参与了它的创造。可能我谈论布尔巴基有点骄傲自大，不管我讲得如何，希望诸位能够原谅我。我相信我的立场可能还不是过于偏颇、派性十足的。

1934—1935 年冬天那个学期，有一群年轻的法国数学家，大概有 10 位，他们以前几乎都是巴黎高等师范学校的学生，决定一起来写一本分析教科书。这本教科书，主要是打算给法国大学的学生用的。古尔萨的经典著作当时已经过时。这种情况，促使我们的年轻作者产生一种欲望——编著一本书，能够和古尔萨的教程具有同样的重要性，同时又能够满足 20 世纪数学的需要。他们每月在巴黎聚会一次来讨论这个计划，结果越来越明显，他们不可能只局限于去单独编一本古典分析教科书。比如说，代数学已经开始改变整个数学的面貌，这是在德国（这里我主要是指大数学家爱米·诺特和她的学生）大力推动下产生的。我们年轻的数学家们逐渐认识到他们的任务是多么艰巨。

问题的另一个稍微不同的方面是这样的：以前几十年

中,数学的各种分支已经发展到这样的一个程度,以致每一位数学家都必须要专业化。只有像大卫·希尔伯特或亨利·庞加莱这样的大数学家,或许有希望掌握整个数学,可是对于一般的数学家要对整个领域能有一个全面的认识,能抓住各种分支的内在关系,那就要困难得多。

对于数学所有的重要分支进行广泛研究的时机,看来已经成熟。这种研究不假定任何东西是已知的,而只是使基本的相互关系可理解。我们年轻的法国数学家决定自己担任这个工作,只有这些年轻人才能做出这样大胆的决定。可是他们还没有骄傲得忘乎所以,以致连其中碰到的困难都没想到。的确,他们完全意识到,这样的一个事业绝不是一个人的力量所能完成的,必须靠集体的力量。但是要从事这样一个集体事业要用什么样的方法?在一个集体里总的分工通常是每位选定一个领域,这个领域最适合他的能力,于是把写整个书那部分的责任交给他。可是在现在这种情形下,作者原来追求的目的是把数学所有分支中基本概念加以阐明,只有阐明以后才能集中于专门学科。因此每位成员从一开始就要忘记他的专业。他发现自己必须对所有东西都要从头学起。集体作为一个整体,必须对每个问题都要讨论,每一个人都要提出建议,然后和别人的意见加以比较和讨论,所以最后很难决定哪一部分是谁写的。这个工作的确是实实在在的集体的工作。

但是这种方法带来了实际问题，一本书通常以它的作者的名义出版，那是否每一卷上第一页都要印上长长的作者名单呢？那可不是。集体决定用一个假名出版。为什么选用尼古拉·布尔巴基这个名字呢？没有人可以给一个完全满意的答复，挑选一个名字只是我们"共同个性"的初次表露。

从一开始，布尔巴基是所谓公理方法的坚定支持者。他有时也为此受到批评，然而他觉得为了要达到他的目的，必须如此。你们全都知道什么是公理方法，实际上它是一个相当老的方法，欧几里得已经提供了一个早期公理方法的实例。不过，近代形式的公理方法一直到 19 世纪末才由于大卫·希尔伯特著名的《几何学基础》（*Grundlagen der Geometrie*）的出版而变得众所周知。后来，德国近代代数学派应用公理方法取得巨大成功，现在这种方法已渗透到整个数学中去。

到底什么是公理方法呢？让我们通过一个初等的例子来解释一下。小学生在解一些以千克、米、升等为度量单位的简单习题时，他们的解法在许多情形下都是一样的。理由很简单，他可以用代数公式，而代数公式并不依赖于度量的是哪一种量而全都正确。换句话说，不同的习题只不过是同一代数问题的特殊情形，而这一个代数问题的解决就给所有特殊情形提供了答案。

当然,这是公理方法的极为简化且典型的实例。那它怎样用于高等数学呢?数学家着手构造它的证明时,在心中想的是当时他正在研究的定义明确的数学对象。当他想到已找到了证明,并开始细致地检查他所有的结论时,就会认识到,他所考虑的对象只有极少数的特殊性质在证明过程中真正起作用。因此,他发现,可以把同样的证明用在只具有他以前用过的这些性质的别的对象上。从这里我们就能看出公理方法所依据的简单想法:我们不去宣称我们要研究什么对象,而只是列出在研究过程中要用到的对象的那些性质。于是把这些性质用公理表示出来放在显著地位上,这样一来,证明我们要研究的对象是什么样的就不再是重要的事了。而重要的就是我们可以这样来构造证明,使得凡是适合公理的任何对象都成立。系统应用这样一种简单的想法对数学的震动是那么彻底,这简直是极为惊人的。

当然,选择公理系统并不是完全任意的。建立在各种不同公理系统上的理论有着不同程度的兴趣。数学中并没有一般规则使人们能够判定什么有趣,什么无趣。只有完全理解现存的理论,对手头问题有一个批判的评价,或者突然出现的直觉的闪现才能使研究者选择适当的公理系统。这样一个公理系统只有当它能适用于各种各样情形时才是适当的。从而我们就碰到这样的问题:哪些概念应该认为是基本而重要的?数学的历史已经表明,解决这个问题的见识是慢慢发展起来的,而且只是在研究者本人的经验基础上才得到的。例如,把拓扑空间的概念弄成现在这样竟用了半个世纪的时间。我们大家现在都十分熟知的这个概念,是黎曼、G.康托尔、富瑞歇、F.黎斯(F. Riesz)和豪斯道夫等人的先驱工作的结果。

布尔巴基经常利用机会在数学中引进新的基本概念,例如一般拓扑学的滤子和一致性空间等概念。或者,举一些更新近的例子,如在拓扑向量空间理论中引进桶型空间、拟完备空间或孟代尔空间等概念。

甚至到今天仍有许多人反对公理方法。例如,教小孩学算术的基本法则,为了引起他的兴趣,激发他的创造性思想,必须从具体的例子做起。对于高等数学,在进行更一般、更抽象的思考之前,通过具体例子使我们对于问题更加熟悉也是同样的重要。但是,对数学进行全面描述,揭示其所有不同分支之间的联系,就要用公理方法,这只不过是为了避免把同样一个证明重复上 10 次。

布尔巴基决定全面采用公理方法就必须对数学各种不同的分支进行重新地安排,再要保留经典的划分学科的方法——分成分析、微分法、几何学、代数学、数论等,已经证明是不可能的。这种划分已经被结构的概念所取代。通过结构,就可以定义同构的概念并用它对数学的基本学科进行分类。在我这个报告中,很难对"结构"这个词提出一个概括性的定义,因此,我们通过例子来理解它。首先我们有"代数结构",它们是通过合成规则定义的(例如,数的加法就是一个规则。按照这个规则,对于任意两个数可以指定第三个数。同样,向量的加法、数的乘法以及几何学中两个旋转的合成等也都是规则)。如大家注意到的那样,合成法则只不过是两个或多个变元的函数。序结构是特殊的代数结构。实数集合是有序的。例如,给定两个不相等的实数,总会有一个比另一个大。对于所有非零整数的集合,可以定义另一种不同的序结构:当 a 整除 b 时,则称 a"大于"b。(可是,对于这种特殊的序结构,再说给定两个不相等的非零整数,总会有一个比另一个大就不对了。)另外,还有拓扑结构:一个集合被赋予一个拓扑结构。如果能适当定义一个点的"邻域"概念或者极限概念,这些概念还必须满足某些要求,这些要求也称为公理。例如,在集合 E 上定义了"距离"(也就是给定一个函数),对于任何两点 A,B,都有一个非负实数 $d(A,B) = d(B,A)$ 与之对应,使得对于 E 中任意三点 A,B,C,有 $d(A,C) \leqslant d(A,B) + d(B,C)$,则这个距离在 E 中定义一个拓扑:E 的一个子集 F 称为 E 中点 A 的邻域,如果存在一个正实数 ε,使得 E 中所有满足 $d(A,M) < \varepsilon$ 的点 M 属于 F。E 中的点列 $M_1,M_2,\cdots,M_n,\cdots$ 称为收敛于 A,如果对于每个 $\varepsilon > 0$,所有具有充分大的下标 n 的点 M_n 都满足要求

$d(A, M_n) < \varepsilon$ 。

以这些"简单"的结构为出发点，我们就来到几种结构一起出现的那些数学领域。这些领域的结果是最为重要的。为了掌握这些领域，当然熟悉基本结构是有好处的。实数就是几种结构同时出现的一个例子，因为实数集合具备三种结构：一种是由算术运算（加法与乘法）定义的代数结构；一种是序结构，因为在实数之间定义了不等式；最后一种是基于极限概念定义的拓扑结构。这三种结构交织在一起，例如，其中拓扑可以用序关系定义。并且，在序关系和算术运算之间也存在着关系（例如，两个不等式可以相加）。其他混合结构的例子有拓扑群、微分流形、解析纤维空间或不连续变换群。

那么，按结构理论进行数学的分类的好处何在呢？下面的例子明显地说明其优点。假设你已经提到过拓扑空间的一般理论中的基本定理，那么你就总能把它们应用到拓扑空间的所有特殊情形之上。这样一来，例如，关于完备度量空间，就有一个十分一般的、具有纯拓扑性质的贝尔定理；这样一个定理又能应用到高等分析，特别是解析函数论的许多特殊情形当中去。

现在，让我们回到 1935 年，这一年布尔巴基决定对整个数学给出完备的公理化描述。他的头一个目标是研究他所谓的"分析的基本结构"。许多数学家,虽则或许还不会是所有数学家相信这种 ex nihilo(从零开始)论述数学的方式是可能的。但是这个信念不太可能来自他们的经验,因为在此之前从来没有人进行过这种尝试。也许布尔巴基的特色就在于他是头一个这么干的。1948 年,他在向美国"符号逻辑协会"宣读的一篇论文中说:

我不满足于宣称这样的事业是可行的,而且我已经开始在证明它,就像迪奥金尼通过移动他自己的办法来证明运动的存在性一样,随着我的书出版得越来越多,我的证明将变得越来越完全。

布尔巴基为他的巨著取了《数学原理》的书名。乍一看来,这个书名似乎有点普普通通,实际上气派不小,因为它回溯到欧几里得的《原理》(几何原本)。

那么 20 年之后,布尔巴基距离他的目的地有多远呢?全书的整个范围还不清楚,迄今已出版的 21 分册都属于第 I 部"分析的基本结构"。第 I 部进一步分成所谓的"卷":

第 I 卷　集合论

第 II 卷　代数学

第 III 卷　一般拓扑学

第Ⅳ卷　单实变函数

第Ⅴ卷　拓扑向量空间

第Ⅵ卷　积分

将来出的书如何纳入这个体系还不清楚。每一"卷"包含若干章并附有许多习题。许多习题选自许许多多各种类型数学家的原著。不过，照规定（至少在练习当中）从来不引述原作者的姓名。最近我读到，以这种方式被布尔巴基所剽窃，对一位数学家来说被认为是很大的荣耀。

按照布尔巴基体系的逻辑顺序，实数不在全书一开始处出现，而是在第Ⅲ卷第四章中才出现。这样安排的理由很充分，因为实数理论的基础是三种结构同时相互作用。由于布尔巴基的方法在于从最一般的情形推出特殊情形，所以从有理数出发构造实数对于他来讲是更一般构造的特殊情形，即拓扑群的完备化（第Ⅲ卷第四章），而这种完备化本身又基于"一致性"空间的完备化理论（第Ⅲ卷第二章）。

第Ⅰ部的所有各卷都是从严格的逻辑观点来安排的。一个概念或一个结果只有在一卷前面某章中出现过才能加以运用。显然，对于这种严格性必须付出高昂的代价，导致最后的表述趋于笨重。读者往往觉得它累赘得令人生厌，其文体也不能说是富有启发性的。数学正文由一系列定理、公理、引理等组成。这种严格的、精确的文体与 19 世纪末法国传统的那种轻快但不太确切的文体恰成鲜明的对比。但是，另一方面，比较严格的文体的确也有某些优点，即主要结果表述得清楚而确切。这样我们不必为了确定一条说得含含糊糊的断言而去从头到尾读大量原文。当前，显然这种精确的文体在数学文献中越来越多地出现。

由于实际原因，不可能让每本书出版的先后顺序符合逻辑顺序。例如第 I 卷第一章，对形式数学提供完备的描述，按出版顺序它只是全书的第 17 分册，这是因为作者认为自己有必要对于以后一些分册中该有什么要求有一个清楚的图景。为了避免这种方法可能带来的任何困难，布尔巴基早在 1936 年就出版第 I 卷的"Fascicules de Résultats"（结果分册），其中包括其后各分册中所用到的所有概念和公式，但没有任何证明。现在当每个新的分册出版，它就在整个著作中占有其逻辑位置了。

"Notes Historiques"（历史注记）及 "Fascicules de Résultats"值得特别提一下。布尔巴基常在每章之末附上一篇历史记述，其中有的相当短，而有的则有详细的评述。每篇都涉及该章讨论的整个内容。而在正文本身则从来不涉及任何历史评述，因为布尔巴基永远不允许全书的逻辑组织出现哪怕最微小的偏差。而只是在历史记述中，布尔巴基才阐明他的正文与传统数学之间有什么联系，而且这种阐述往往追溯到很久之前。有趣的是，"Notes Historiques"的文体与布尔巴基的正文其他部分的严格经典式文体是大相径庭的。可以想象，未来的历史学家对这种文体上的偏离的原因，会感到难以解释清楚的。

在本书写作过程中，还出现了另外一个困难，那就是怎样挑选合适的术语。众所周知，新理论、新概念必定带来新术语和新符号。一个不会说任何语言的人就不能说明任何思想，没有口语就没有思想。数学语言是一种具有大量术语的丰富语言。在 20 世纪许许多多作者的独立活动使各门数学学科迅速发展，导致专门术语的领域出现极为严重的混乱，常常出现同一概念有许多名称及许多概念具有同一名称的情形。布尔巴基认为必须对专门术语加以订正和简化，使得我们能够把数学作为一个整体来看待。布尔巴基这样做时，他遵循 18 世纪瑞典的乌普萨拉的化学家伯格曼的格言，拉瓦锡（Lavoisier）引用他的格言说："Ne faites grâcê à aucune dénomination impropre；Ceux qui savent déjà entendront；Ceux qui ne savent pas encore entendront plus tôt."（不要放过任何不适当的命名；已经知道的自会明白；还不知道的也会很快明白。）出于这个理由，布尔巴基对于过去经常混淆的概念明确地加以区分，例如"boule"与"sphere"（球体与球面）。对于术语"Überdeckung"与"Überlagerung"，在法文中只有一个字"recouvrement"［英文为 covering（覆盖）］，于是布尔巴基开始谈"recouvrement"和"revêtement"。作为第三个例子,考虑术语"compact"(紧),它在富瑞歇以及亚历山德罗夫-霍普夫的标准著作中的含义与布尔巴基用法完全不同,而亚历山德罗夫-霍普夫所说的"bicompact"(双紧),布尔巴基则称为"compact"(紧)。布尔巴基做出这个决定费了很多脑筋,现在这个名词在俄国以外的文献中已经站稳了脚跟。

你们无疑对布尔巴基到底怎样工作很感兴趣。布尔巴基成员每年三次在所谓布尔巴基大会上聚会,8~12位参加者聚集在一个远离城市喧嚣的清静地方,三次大会中有两次举行一周,另外一次在暑假举行14天。参加者每天都工作七八个小时,其余时间散步和聚餐。在这些大会上讨论未来各分册的计划,做出具体的草案,通常这些是相当初步的。还要求每个成员对于某一个专题(比如二次型、李群之类的)准备一个书面报告。然后把这些报告复印,散发给其他成员,在下一次大会上讨论这些报告。一个人大声朗读他的报告,其他人进行补充、插话、提问题等。所有的参加者同时开始讲话也并非罕见的事。在讨论之后,提出一个详尽的重新组织修改的建议。个别章节要推倒重来,但这次就要换另外一位参加者做准备。于是他就把这些章再复印出来,准备在以后某次大会上宣读和讨论。而在以后的大会上,可能又要指定另一位参加者再加工这一章。有时经过一个接一个的草稿,修改之后,整个一章全都作废。这种情况要是出现,它就不能出版,只是收藏在布尔巴基的档案里。以后几年里可能对于这些材料再进行完全新的表述。每位成员在任何时候都能提出完全不同的草稿。用这种方法,其结果就是教科书的每一章都写过、讨论过、修改过五六次甚至八次之多。你们能想象到,这样一个过程需要多么长的时间。

在每次大会上的讨论总是活泼而热烈的。从来不用投票的办法进行表决。实际上,连多少人赞成、多少人反对也从来没有数过。每个决定必须一致同意,这个要求并不太容易满足。不仅如此,而且任何决定在以后任何时候还可以随时变更或取消。你不难想象到,在这个集团中意见冲突有多大,特别是考虑到组成它的成员个性都那么强,无疑我只举少数几个人做例子就够了:安德烈·韦伊、克劳德·薛华荔、让·迪厄多内。然而,经验告诉我们,还是能够取得最后的成果的。这个成果可能并不总是最好的,但至少我们有了成果。最终能够得到这个成果简直是一种奇迹,对此我们谁也不能解释。

当然,这种努力要求有一种特殊的气氛:一种集体主义和友好的情感,完全的坦率,愉快的心情。为了整体利益,每个人的个人主义都要放一放。它对我们大家都是一所要求严格的学校。

让我们回来讲全书各章的正文。在写作并讨论几遍之后，最后送交出版社。最终的正文是许多个人的思想的最终产物，但是在其最后的定稿中，再也检查不出任何一位成员的贡献。最后的正文实际上是尼古拉·布尔巴基的，其文体是布尔巴基的标准文体，而 X 或 Y 的笔迹就再也认不出来了。

可是，也许有人问，为什么要费那么大劲？每个成员肯定都有机会扩大他自己的学问。无疑，这也鼓励每位成员发展对数学中许多不同领域的问题的兴趣。每个人都从别人那里学习到许多东西，然而，我们真诚希望另外还有更多的东西。因为布尔巴基不是一个谋求私利的企业。相反，其目的是帮助其他数学家并为数学进一步繁荣铺平道路。讲到这里，我们可以提出下面的问题：布尔巴基将对当前和未来的数学进程产生什么影响？布尔巴基全书各分册肯定不属于那种胡乱塞到年轻学生手里的教科书。可是对于水平较高的学生，他们熟知最重要的经典学科并急于上进，就可以通过钻研布尔巴基而给自己打下一个坚实而牢固的基础。当然，对于那些具体问题储备有限的初学者，布尔巴基那种一般特殊的方法有些危险，因为这可能引导他相信一般性本身就是目的。布尔巴基的意图可并不在此。对于布尔巴基来说，一个一般的概念只有当它能应用于许多比较特殊的问题上，并能真正节省时间和精力时才是有用的。这种节省在当今已成为必不可少之事。如果布尔巴基的成员认为把每件事都要从头做起是他们的责任的话,那他们这样做就希望在未来的数学家手中放上一件工具,从而使他们的工作更顺利,并使他们能继续向前推进。关于后一点,我想我们已经达到了这个目标:我常常看到,我们曾花了很长时间,费了很大气力才发展起来的那些概念,现在正在被年轻人轻松而巧妙地运用着。(他们是从布尔巴基的书中才学到这些概念的。)

随着时间的推移和年轻一代的成长,这些新思想(布尔巴基从来不声称他是这些新思想的唯一代表)将为越来越多的人所知道。这种掌握数学基本原理的新方法也必定或迟或早影响大学乃至高中水平的课程。虽然数学的真理是永恒的,但是听任哪怕是小学的教学方法停滞不前,也是很危险的。应该让年轻人接触到当前公认的那些基本概念,但同时也应该不断地配合上具体例子。当前的数学教育,尤其是几何学,受希腊思想的影响到了惊人的程度。应该按照旧思想逐步过时的程度,把新思想相应地引进到课堂中来。当然,突然推翻一切也是愚蠢的。特别在德国和法国,数学教学有着伟大的传统,应该受到一定程度的尊重。但是已经越来越有必要有相当的发展演进,我感到这种演进在我们两国已经在进展当中,布尔巴基或许对这种演进做出过适当的、间接的贡献。

布尔巴基已经工作 20 多年了。你们也许会认为,在这些年当中他已经变老了,其成员的活力已经逐步衰退了。但是情况并非如此。布尔巴基将永远保持年轻而活跃,正像人类不断地更新自己一样。所谓"创始成员"(今天站在你们面前,你们看到的就是其中的一个代表),随着时光的流逝已经逐步引退,而由更年轻的成员取代。这些新人各有自己通向布尔巴基的道路。在某一时刻,他们参加进来成为正式成员,今天其中许多人已经成为布尔巴基集体中的主要领袖人物了。

尽管有这种更新换代,但不能否认,今天的布尔巴基有他新的困难需要克服。在过去 20 年间,数学发生根本的变化(在这种发展过程中布尔巴基人可能有所贡献)。布尔巴基教科书中基础部分有些概念可能已经过时。在布尔巴基完成了第 I 部"分析的基本结构"之后,他可能感到必须再一次重新开始。但是布尔巴基不会把自己局限于数学的基础部分。现在他的计划是什么? 这个我不愿意泄露。但是有一件事是肯定的:如果目标改变,那方法也必须改变。最后的结果仍然隐蔽在未来之中,也许再过 20 年才能够讨论这些问题。

补充(1980 年 6 月)

20 年之后,布尔巴基已经出版了许多新的分册:

第 I 部("分析的基本结构")由于积分卷新增一章的出版而完成,第九章引进一种新观点,它可以应用于概率论,也允许把傅里叶变换推广到局部凸向量空间上。除了这章是唯一的例外，1958 年以来没有其他分册还属于第Ⅰ部。这些分册讨论专门理论：

交换代数学（共 7 章）；李群和李代数（共 8 章）；微分流形和解析流形（共 2 个"结果分册"）；谱理论（前 2 章）。

此外，布尔巴基还出版了几册合订本的"大法文版"：

集合论（1 册）；代数学，第一、二、三章（1 册；它与以前的版本显著不同，特别是第一章）；一般拓扑学（2 册）；单实变量函数（1 册）。

另外，还有合订本的"大英文版"：集合论（1 册）；代数学，第一、二、三章（1 册）；一般拓扑学（2 册）；交换代数学，第七章（1 册）；李群和李代数，只有第一、二、三章（1 册）。

有几册正在编写当中，但将要出版各册的内容不准泄露。

关于"布尔巴基讨论班"，至今已经出版了 359 篇"Exposés"（报告）。每年由斯普林格出版社出版当年的 9 篇报告，收入"数学讲义"丛书中①。

（胡作玄译）

---

① 关于布尔巴基讨论班，上述补充不准确。现在每年共有 18 个报告，斯普林格出版的是从 1968—1969 年度至 1980—1981 年度。到 1980 年 6 月应出了 559 篇。——译者注

布尔巴基的事业[①]

迪厄多内

为了了解布尔巴基的由来,我们必须回顾一下我们的学生时代,那时候正是第一次世界大战之后的年代。这次大战,对于法国数学家来说是极为惨痛的。我并不打算对于当时所发生的一切做出判断或者给出道德上的评价。在 1914 到 1918 年的大战中,德国政府和法国政府对于关系到科学的问题的看法并不一样。德国人让他们的学者去研究科学,通过他们的发现以及对于发明或者方法的改进来提高军队的力量,结果这些都有助于德国战斗力的增长。而法国人,至少在战争初期一两年间,认为人人应该上前线,而年轻的科学家如其他法国人一样也到前线服役。这表明一种民主和爱国主义精神,对此我们只能表示钦佩,但其后果对于年轻的法国科学家来说却是可怕的大屠杀。假如我们打开高等师范学校的战时学生名册,我们就会发现巨大的中断,这表明三分之二的学生都被战争毁掉了。这种情况对于法国数

① 原题:The Work of Nicholas Bourbaki。本文译自:American Mathematical Monthly. 1970,77(2):134-145.

学产生了灾难性的后果。我们这些人当时还太年轻而没有直接参加战争，但是我们在战争结束之后的几年中进入大学，本应该由这些年轻数学家给我们指导，而他们中肯定有许多人会有远大前途的。他们就是被残酷的战争毁灭掉的年轻人，他们的影响也完全被破坏了。

当然，留下来的上一代人都是我们尊敬和景仰的大学者。像皮卡、孟代尔、E. 保莱尔、阿达玛、当若瓦、勒贝格等大师，他们都还活着并且仍然非常活跃，但是这些数学家都已接近 50 岁，有些人年事更高。在他们和我们之间隔着一代人。我并不是说他们没有教给我们最好的数学，我们都是听这些数学家上第一年的课程的。但是，无可争辩的是（对于任何时期也是一样），50 岁的数学家只知道他在 20 岁或 30 岁时学的数学，而对他当时（他 50 岁的时期）的数学只有一些相当模糊的观念。事实上，我们对这种情况只有接受而毫无办法。

就是这样，我们有卓越的教授教我们的可以说是 1900 年之前的数学，而我们对于 1920 年的数学却知之甚少。正如我前面讲过的，德国人是以另一种方式行事的，因此，德国的数学学派在战后年代里光辉灿烂、十分突出。要说明这点，我们只要想到第一流的数学家：西格尔，E. 诺特，阿廷，克鲁尔，H. 哈塞（H. Hasse）等，在法国我们对于他们的工作一无所知。不仅德国学派，我们对于迅速发展的俄国学派、刚刚诞生的杰出的波兰学派以及许多其他学派也是一无所知。我们既不知道 F. 黎斯的工作,也不知道冯·诺伊曼的工作,等等。我们把自己封闭在自己的小天地中,在这里函数论是至尊无上的。唯一的例外是 E. 嘉当。但是,他超出他同时代人的水平二十多年,谁也不理解他的工作。(在庞加莱之后,最先理解他的工作的是赫尔曼·外尔。在 10 年之中,他是唯一理解嘉当的人,因此,像我们这些懂的东西少得可怜的小学生怎么能够理解他呢?)因此,除了嘉当之外(他在当时还不能算数,只有在 20 年之后才数得上他,但是从那时起,他的影响稳步地增长起来),我们完全封闭在函数论当中了,虽然函数论是重要的,但毕竟只代表数学的一部分。

当时给我们打开通往外在世界大门的只有阿达玛的讨论班,他是法兰西学院的教授,但并不是十分卓越的教师(对于我来说,他作为学者是那样的伟大,以至于可以这样说而不致有损他的名声)。他有创办一个分析当时数学工作的讨论班的想法(这种想法显然是从国外来的,因为在法国从来没有这样做过)。在年初,他把前一年他认为最重要的论著分配给打算在讨论班上做报告的人,他们必须在黑板上加以阐明。在当时这是件新鲜事,对我们来说是特别宝贵的,因为在讨论班上可以碰到许多有着各种不同来历的数学家。同时,它很快成为吸引外国人的中心,他们成群结伙地来参加,因此,它对于我们青年学生来说是一种知识和观点的源泉,而这在大学所教的正式课程中是根本学不到的。这种状况又延续了几年,一直到我们当中有些人——首先是韦伊,其次是薛华荔,他们都曾经离开过法国,碰到过意大利人、德国人、波兰人等——认识到如果我们还继续搞这个方向,法国的数学就肯定要走进死胡同。当然,他们在函数论方面仍然可以很出色,但是在数学的其他方面,人们就会忘掉法国数学家了。这就会使法国二百多年的传统中断,因为从费马到庞加莱这些最伟大的法国数学家都是享有博学全才的数学家的名声,他们既能搞算术和代数,又能搞分析和几何。出现这些想法的先兆最初还是从国外看到的,我们当中有些人过去曾有机会出国看看,他们直接见识到在我们这堵墙外面究竟有些什么发展。在 1934 年阿达玛退休之后,G. 儒利雅以稍稍不同的方式继续主持这个讨论班,也就是以更系统的方式去研究从所有方向上进来的伟大新思想。这也就是想搞起一个全面的工作,它不再以一个讨论班的形式,而以书的形式概括近代数学的主要思想。由此产生出布尔巴基的论著。我必须提到布尔巴基的合作者当时都非常年轻,假如他们年岁再大一些,知识更多一些,他们也就永远不会开始干这桩事业了。在讨论这个方案的头一次会议上,当时想在三年之内完成,那时我们就会有一个数学的基本原理的草图了。但是,事件和历史做出了不同的决定。随着我们的能力越来越高,认识越来越深,我们也一点一点认识到我们所从事的这个事业太巨大了,根本不可能在那么短的时间之内完成它。

在当时确实已经有许多卓越的论著,而且实际上,布尔巴基的著作在一开始以范·德·瓦尔登的代数学著作为典范。我无意贬低他的优点,但是,他自己在序言中说,这本书实际上有许多作者,其中包括 E. 诺特和阿廷,因此,它多少有点早期布尔巴基的味道。这部著作影响很大,我记得它。我当时正在写我的博士论文,那时是 1930 年,我正在柏林。我还记得范·德·瓦尔登这本书刚出版发卖的那天。那时我对代数无知到那种程度,以至于要是现在我就进不了大学。我急忙跑向这些书,看到这个在我面前打开的新世界,我简直惊呆了。当时我的代数知识不超过预科数学、行列式以及一点方程的可解性和单行曲线。我那时已经从高等师范学校毕业,却不知道什么是理想(ideal),而且才刚刚知道什么是群! 这就会使你对一个年轻的法国数学家在 1930 年知道些什么有一点概念。因此,我们试图仿照范·德·瓦尔登,但事实上他只讨论代数而且即使在当时也只是代数中的一部分。(从那时起,代数学已经取得相当大的发展,这一部分要归因于范·德·瓦尔登的这部书,它现在仍然是一本极好的导论。不少人征求我的意见,问如何开始研究代数,我对其中大多数人讲:尽管从那时起已经有了许多新发展,还是要先读范·德·瓦尔登的书。)

因此,我们企图做些这类的事。范·德·瓦尔登用的是非常精确的语言,对于思想的发展有着极为紧凑的组织,并且把这部书的不同部分组织成为一个整体。对于我们来说,这似乎是写书的最好方法,因而我们必须对于许多以前从来没有仔细论述过的材料加以讨论。一般拓扑学只能在少数论文和富瑞歇的书中找到,这本书实际上只是把一大堆结果编在一起,谈不上任何次序。对于巴拿赫的书也可以这么说,这本书的研究结果是相当不错的,但是写得杂乱无章。至于其他的课题像积分论(如布尔巴基所论述的那样)以及某些代数问题,根本没有任何著作。在布尔巴基的多线性代数那章出现之前,我不认为在世界上有什么教学用书,其中阐明什么是外代数。我们不得不参考格拉斯曼的著作,它写得很晦涩。从而我们很快认识到这个我们仓促从事的事业比我们过去所想象的要大得多,而且诸位知道它现在也远远没有结束。在我的皮包里摆着布尔巴基第 34 分册的校样!它论述李群理论中的 3 章。还有其他各分册,好多分册,都正在准备;以前各分册已经出过第 3 版或第 4 版,整套书的完成现在还差得很远。

我们必须有一个出发点——我们必须知道我们想要做的是什么。当然那时有百科全书的想法,实际上当时已经存在百科全书了。如诸位所知,德国人 1900 年左右开始出百科全书。尽管他们对于工作具有众所周知的坚韧性和热情,可是，到 1930 年，经过了几版以及多次修改之后，它比起当时的数学科学的水平来，仍然是远远地落在后面。认识到每年发表的数学论著数量庞大惊人，现在不会再有人想着手干这种不可能办到的事业了。我相信，我们必须等待那一天，那时计算机具有智能，能够在几分钟之内把所有这些论著都消化吸收。在 1930 年，我们还没有走那么远，即使在当前，我们仍然没有进展到那种程度。并且，对于那些已经失败的事，尽管它有好处，再去做它也是没用的。百科全书甚至于在那个时期主要用来作为文献的参考资料，去查出这个或那个结果可以在哪里找到。但是，百科全书自然不包括证明，即使这样它已经是 25 卷到 30 卷的庞然大物了。再包括证明，篇幅就要增加10 倍。不，我们并不想要编著一部文献的参考资料的著作，而是要编一部从头到尾论证数学的著作。因此，这就迫使我们进行极端严格的选题。什么选题？好了，这就是在布尔巴基的演化过程中的关键所在。在布尔巴基学派中很快占统治地位的思想就是这部著作必须首先是一个**工具**。它应该不仅在数学的一小部分中可以应用，而且在尽可能多的数学分支中都可以应用。因而它必须集中在基本的数学思想以及根本的研究工作上面。它必须完全排除掉那些次要的材料，这些材料还没有什么直接的已知应用，也不直接导出那些已知很重要或证明是很重要的概念。我们进行过多次筛选，这导致布尔巴基的成员无数次的讨论，同时也给布尔巴基招来大量的敌对情绪。因为,当布尔巴基的著作渐渐有了名气,那些他们喜爱的主题没有包括在其中的人并不倾向于对布尔巴基做很多有利的宣传。因此我认为我们可以把在某些时期中而且仍然遍布于某些国家中的对于布尔巴基所表现的大部分敌意归结为这种极为严格的选题。

那么我们怎样选择这些基本定理呢?正是在这里出现了数学的新思想——数学结构的思想。我并不是说这是布尔巴基独创的思想,当然在布尔巴基中包含一些独创性的思想是毫无问题的。布尔巴基并不打算更新数学,假如布尔巴基著作中收入一个定理,那么它在 2 年、20 年或者 200 年之前就已被证明。布尔巴基所做的无非是把已经流传了很长时间的思想加以确定和推广。从希尔伯特和戴德金的时代起,我们就已经熟知数学中的大部分能够由少数精选出的公理合乎逻辑地且富有成果地发展起来。这也就是说,用公理的形式给定一个理论的基础,我们可以发展出整个理论,这种方法比任何其他方法都更加容易掌握。这就是数学结构的观念的一般思想的由来。让我们立即指出,这个观念现在已被范畴和函子的观念所取代,范畴与函子的观念以更一般和更便利的形式把数学结构的观念包括在内。把这个理论中的正确思想写进他的著作中是布尔巴基的本分,如我后面要讲到的,布尔巴基从来不害怕变革。

一旦这种思想得以明确,我们就必须决定什么是最重要的数学结构。当然,这就是在我们一致同意之前要讨论许多次的根源。可以这么说,布尔巴基并不自命为一贯正确;他在结构的未来的问题上多次犯错误,并且在必要时承认这些错误并收回他原来的思想。从后面相继几版中都可明显地看出不断地进行了一些修正。布尔巴基并不打算把数学固定下来或钉牢,这和他原来的目的刚好相反。这种公开的一贯的态度也是引起敌意的原因。这一次是前辈的一部分人,他们批判布尔巴基处理他们那时的数学的自由化。特别是,定义的选取和主题的编排次序是依照逻辑和理性的方案来决定的。假如这与以前所做的不符,那就意味着以前所做的一切必须彻底推翻,毫不吝惜哪怕是长时期才建立起来的传统。我举一个例子:布尔巴基在谈到递增函数时,绝不用非减这个词,因为这将是大错特错了。只有当我们谈到全序关系时,我们才知道这个词表示我们所要说的事是什么意思。(假如我们在非全序关系的场合下说非减,那它就不能表示递增但非严格递增的意思。)因此,布尔巴基干脆就把这个专有名词废弃掉,对于许多其他名词也这么办。他还创造新的专有名词,如果必要的话就用希腊文,但是他也用许多日常口语中的词,这使因循守旧的人为之却步。他们很难轻易认可我们现在用 boule(实心球)或 pavé(铺路石)来称呼 hypersphéroide(超球体)或 parallélotope(平行六面体)。他们的反应是:"这部著作不必认真看待。"最近出版的一本小书，我们都非常喜欢，书名叫 *Le Jargon des Sciences*（《科学的行话》），是法语的保卫者埃田博写的。他坚持必须保持法语原来的纯洁并且和许多科学家的意义不明的用语做斗争。值得庆幸的是，这里面没有包括法国数学家。他说，他们从日常用语中所选用的简单的法国词，有时改变其意义。在这方面他们有着合理的见识。他举出一些突出的例子，像 Platitude et privilège（平凡性与特殊性）和 Sur les variétés riemanniennes non suffisamment pincées（论未充分夹紧的黎曼流形）这类现代标题。这就是布尔巴基写作的风格——用一种能让人认识的语言，而不是夹杂有许多省略语的行话术语，就像盎格鲁-萨克逊著作中那样，其中谈到 C. F. T. C，它与 A. L. V 有关，除非它是一个 B. S. F 或者一个 Z. D……这种著作你读过 10 页之后，对于其中所讲的东西还毫无概念。我们认为墨水还是够便宜的，足以供人用适当选择的词汇把文字写得完完整整。

　　我现在来讲一下我们如何选题。我将用一个隐喻来更详细地解释这种选题。我们很快就认识到尽管引进结构的观念，它可以把事物加以阐明和区分，但是数学却不能分成一个一个小块。另外，显然老的分科——代数、算术、几何、分析已经过时。我们并不重视它们，而且从一开始就抛弃掉这种老的分科法，这使许多人火冒三丈。例如，众所周知，欧氏几何是希尔伯特空间的埃尔米特算子理论的特殊情形。

代数曲线论和代数数论也是一样，它们根本上来源于同一结构。我把这种老的数学分科同古代动物学家的分类法相比较，他们看到了海豚、鲨鱼、金枪鱼都是相类似的动物，就说它们都是鱼，因为它们都生活在海中并且有相似的形状。他们经历了很长一段时间才认识到这些动物的结构完全不相似，因而必须对它们以不同的方式加以分类。代数、算术、几何以及所有这种话不难同这相比较。我们必须看到每一种理论的结构并以这种方式把它们分类。虽然出现种种情况，但并没有经过多久我们就认识到，尽管有这种目的在于离析出各种结构的努力，它们还有各种非常迅速地并且富有成果地混合在一起的办法。我们可以说，当几种极为不同的结构相遇在一起时，才在数学中产生伟大的思想。这就是我现在关于数学的图景。它是一个毛线团，绞在一起的一堆，其中各种数学学科以一种几乎不可预见的方式彼此相互作用。所谓不可预见，这是因为几乎没有一年我们不发现这类新的相互作用。并且，在这个毛线团中还在各个方向上出现一些单根线，它们和别的线都不相联结。好了，布尔巴基的方法十分简单，我们把这些单根线割掉。这意味着什么呢？让我们看一下保留下来的是什么，于是我们就开一张保留下来的物品的清单以及一张割掉的单根线的清单。保留下来的有：原古典的结构（当然，我没有说到集合）、线性代数和多线性代数、一点一般拓扑学（尽可能得少）、一点拓扑向量空间（尽可能得少)、同调代数、交换代数、非交换代数、李群、积分、微分流形、黎曼几何、微分拓扑、调和分析及其拓广、常微分方程和偏微分方程、一般意义下的群表示论、最广意义下的解析几何。(这里的解析几何当然是指塞尔意义下的解析几何,这也是唯一可以接受的意思。用解析几何来指具有坐标的线性代数,这是绝对不能容许的,可是在初等教科书中还是叫解析几何。在这种意义下的解析几何从来没有存在过。只有一些人,他们用取坐标的方法很笨地搞线性代数,而把这叫解析几何。滚他们的!谁都知道解析几何是解析空间的理论,这是所有数学学科当中最深刻、最难的理论之一。)代数几何是解析几何的孪生姊妹,它也在保留下来的清单上,最后还有代数数论。

这个清单真是堂而皇之。现在让我们看一看在这清单之外的学科:序数理论和基数理论,泛代数(你们非常清楚它指什么),格论,非结合代数,一般拓扑学中的大部分,大部分拓扑向量空间,大部分群论(有限群),大部分数论(其中特别包括解析数论),求和法以及可以被称为硬分析的所有学科——三角级数、内插法、多项式级数等。这里面有许多学科,最后当然还包括全部的应用数学。

这里我要稍微解释一下。我的意思绝不是说,在做这种区分时,对于这样划分的各种理论的精巧和威力,布尔巴基丝毫也没有按照这样的分法来进行评价的意思。我相信在当前,比如说,有限群论是最深刻、最富有突出成果的学科之一,而像非交换代数之类的理论只有中等的困难。假如我必须做出评价,我或许要说,最精巧的数学即因显示其发现者的技巧及深钻而受许多人佩服的许多结果是排斥在布尔巴基之外的。

我不是在讨论分类问题时一分为二,一边好,一边坏,像上帝那样主宰一切。我的意思只是如果我们想要能对于近代数学加以论述,使得它能适应这种想法,即建立起一个中心,从这个中心出发所有其余的东西都展现出来,那么就必须消除掉许多东西。在群论中,尽管有许多已经证明的极为深刻的定理,但是谁也不能说我们已经有一个普遍适用的解决问题的一般方法。我们有一些定理,但是总使人有这种印象,搞群论就像一个工匠,通过积累一系列技巧及高招来干活。这不是布尔巴基能够提出来的。布尔巴基只能也只想把合理地组织在一起的理论加以阐述,其中由前提自然得出方法来,几乎没有什么需要使用巧妙的技巧和高招的余地。

因此,我再重复一下,布尔巴基打算要阐述的一般是已经几乎完全烂熟的数学理论,至少其基础是这样。这只是一个基础问题,而不是细节问题。这些理论已经到达这样的地步,它可以用完全合理的方法概要地叙述,而群论(解析数论更加如此)肯定是一系列的技巧和高招,每一个都比上一个更加特殊,从而是极端的反布尔巴基的。我再重复一遍,这也绝对不意味着应该小看它。恰巧相反，数学家的工作就表现在他所能发明的东西，甚至是新的技巧。你们知道老的说法——用一回是技巧，用三回就成了方法。好了，我相信第一次发明技巧的人比起那些经过三四次之后认识到从中可以得出一个方法的人的功劳要大。第二步是布尔巴基的目标：从数学家所应用的各种方法中，把那些能够成型为具有一个合乎逻辑的编排顺序，容易阐述、容易应用的紧密统一的理论的东西收集在一起。

布尔巴基所使用的工作方法极为冗长而且艰苦，但它几乎是由方案本身所规定下来的。我们一年举行两三次集会。在我们的集会上，一旦大家多多少少一致同意要写一本书或者一章来论述某种专题（一般我们预先知道一本书分多少章），起草的任务就交给布尔巴基成员中想要担任的人。这样，他就由一个相当泛泛的计划中开始写这一章或几章的初稿。这时候，一般来说，他可以自由地加进来他要的或省略掉他不要的材料，正如你们下面会看到的那样，完全由自己承担风险。一两年之后，任务完成了，就提交布尔巴基大会，在会上一页不漏地大声宣读。每一个证明都要一点一点地检查，并且受到无情的批评。你必须亲自参加一次布尔巴基大会才能认识到这种批评是多么的刻薄，它比起来自外界的攻击不知厉害多少倍。那种语言根本不能在这里重复。年纪问题根本不相干。布尔巴基成员的年纪差别很大，以后我会告诉你们年纪的上限，但是即便两个人相差 20 岁，也挡不住年轻的责备年纪大的，说他对这个问题什么也不懂。谁都知道怎么正确对待这种情况，大家都是一笑置之。在任何情形下，被批评的人也及时地进行答辩，在布尔巴基的成员面前，没有人敢自夸自己是一贯正确的。结果，经历了极长的、极为生动的辩论，最后得出的都是精美的成果。

有些外人被邀请以观察员的身份参加布尔巴基的集会，他们得出的印象往往是这是疯人的聚会。他们不能想象，这些人大喊大叫地（有时候同时有三四人在喊）谈论数学，怎么还能够从中得出什么合理的东西来。这可能有点神秘，但是到最后一切都平静下来。一旦初稿被扯得粉碎——落得个一无所有——我们就再选出另一位成员，让他一切都重新从头再干。这个可怜的人也知道将会出现什么情况，因为他即使按照新的指示去做，大会上的思想活动也会改变，到下一年他的原稿也会被扯得粉碎。然后第三个人又重新开始，就这样一个接一个地搞。也许人们会认为这是一个没完没了的、不断反复的过程。但是，事实上，我们会出于纯粹的人性的理由停下来。当我们看到同样一章六遍、七遍、八遍或者十遍被打回来，谁都感到受不了了，于是大家一致通过把它付印。这并不是说，它已经完美无缺。我们经常认识到，尽管有各种事先的预防措施，我们开始的这个路线是错了。因而，我们在以后各版中又有思想分歧。但是，发表第一版肯定是最大的困难所在。

从我们开始搞某一章到它成书在书店中发卖，其间平均需要经历 8～12 年。现在发表的几章，我们头一次讨论它们大约是在 1955 年。

前面我曾经提到过，对布尔巴基的成员有一个最大的年龄限制。这点我们很快就认识到，其原因我在讲演刚开始时就提到了，一个过了 50 岁的人仍然可以是一位非常好的并且极富有成果的数学家，但是他很难接受新思想，接受那些比他年轻 25 到 30 岁的人的思想。像布尔巴基那样的事业是谋求永远延续下去的。说我们要把数学在某一个时期固定下来那是没问题的。假如布尔巴基所阐述的数学不再与这个时期的趋势相符，那么工作就没有用处，必须重做。对于布尔巴基中的几卷书已经出现这种情况，假使布尔巴基学派中有年纪较大的成员，他们就会煞住这种健康的趋势，他们认为他们年轻时所做的一切都是好的，没有理由加以改变，这将产生灾难性的后果。因此，为了避免这种迟早会导致布尔巴基的分裂的紧张关系，我们在问题刚一发生时，就决定布尔巴基的成员都要在 50 岁退出。

因此，情况就是这样，当前的布尔巴基的成员全都在 50 岁以下。创建布尔巴基的成员自然在大约 10 年之间都已退出，甚至于那些不久之前还被看成是年轻的人也已经超过或快要达到退出年龄。这样就出现替换离开的成员的问题。这事我们怎么办呢？好了，那没有什么规则，因为布尔巴基中唯一正式的规则就是我刚刚谈到的那个规则——50岁退出。除了这条规则以外，我们可以说，唯一的规则就是没有规则。没有规则也就是说从来不做表决，我们必须在每一点都意见一致。每一位成员都有权否决他感觉不好的任何一章。所谓否决就是说，我们不允许这一章拿出去付印，我们必须把它重新再研究。这就说明这个过程为什么那么长，我们一致同意最后定稿要经过多么艰难曲折的过程。

于是我们讨论在年龄限制之下更换成员的问题。我们不正式更换成员（这或许是一条规则，此外并没有规则），也同科学院一样没有空出的席位。因为大部分布尔巴基的成员是教授，多数在巴黎，他们有机会接近并了解年轻数学家——那些刚开始搞数学研究的青年人。一个表现出前途大有希望的、值得重视的青年很快就会被注意到。一旦他被注意到，他就被邀请参加一次大会，就好像用几内亚豚鼠来做试验一样。这是一个传统的方法。你们都知道几内亚豚鼠是什么，这是我们用来试验各种病毒的一种小动物。好了，现在这种情况也是一样：这位可怜的年轻人受到布尔巴基的讨论会上那种火球般的攻击，他不仅必须要能懂，而且还必须参加讨论。假如他沉默，下次他干脆就不会再被邀请。

他还必须表现出来某种品质。由于没有表现出这种趋向曾使得许多伟大的、有价值的数学家不能加入布尔巴基。在每一次大会上,一章接着一章没有任何特别的顺序提到议事日程上来,事先我们从来不知道这次大会我们是否只讨论微分拓扑学或者下次大会我们是否只讨论交换代数。不,所有东西都混在一起,我还是举出同样的例子——毛线团,这个标记可以看成是布尔巴基的标记。布尔巴基的成员应该对于他所听到的所有东西都有兴趣。假若他是位狂热专迷的代数学家,说"我只对代数学有兴趣,对于其他东西一概没兴趣",这就够了,他将永远不会成为一位布尔巴基的成员。一个成员必须马上对任何东西产生兴趣。一个人不能够在所有领域中都能进行创造,这当然完全正确。并不存在要使每个人都成为万能数学家的问题,这种头衔只保留给少数天才。但尽管如此,一个人仍然可以对于任何事情都发生兴趣,并且在一旦需要时,能够写书中的一章,即便那不是他的专长。这事实上在所有成员身上都曾经发生过,我想大多数成员一定从中受益匪浅。

从我个人的经验来看,我相信,假如我没有被迫起草那些我一点都不懂的问题,并且设法使它通过,那我就不可能完成我已经完成的工作的四分之一甚至十分之一。当一位数学家开始阐述他所不了解的问题时,他就不得不自己向自己提问题,这是数学家的特征。结果他试着要解决它,从而导致个人的、和布尔巴基无关的研究工作,这些工作可能很有价值也可能没什么价值，但是都是由布尔巴基产生出来的。所以不能说这是一种坏制度。但是也有一些卓越的头脑受不了这种强迫，也有一些深刻的头脑，在他们自己的领域中是第一流的，但是对他绝不能提其他领域的事。有这种一门心思的代数学家，你从来不能使他懂得分析；也有这样的分析学家，他看四元数体简直是怪物。这些数学家可能是第一流的数学家，比布尔巴基大多数成员都强——我们爽快地承认这一点，而且我可以向你们举出鲜明的例子——但他们永远也不能成为布尔巴基的成员。

让我们回到几内亚豚鼠。当他被邀请后，我们就开始探寻他这种适应性的品质，一般来说他往往没有这种品质，那么我们就祝他顺利，让他走他自己的路。幸运的是，在年轻人当中我们还不时地发现这种趋向，这种对整个数学广博的知识的兴趣以及对各种不同的理论的适应能力。经过极短时间之后，假如我们发现他再次表现很好，那么他就成为一个成员，无须任何表决、选举或者仪式。我再重复一遍，布尔巴基只有一条规则，就是除了 50 岁退出之外没有其他规则。

最后，我要来回答某个国家中某些年轻人对于布尔巴基最近的攻击。他们指责布尔巴基使数学研究停滞不前。我必须说，我对这一点完全不能理解，因为布尔巴基的书并没有打算成为一部激发研究的著作。前面我已经提到，布尔巴基只允许自己阐述已死的理论，也就是最终已完全解决最后只需要搜集在一起的理论（当然除了未曾料到的事实）。实际上我们永远不应该说数学中有任何东西是死掉了，因为有人这样说过以后，就可能有人拾起这个理论，在其中引进新思想，于是这个理论又复活了。我们最好这样说，在阐述这个理论写书时，这个理论已经死掉。也就是说，对于布尔巴基所阐述的这些理论，已经有 10 年或 20 年或 50 年没有什么人做出重大地发现了，这也就是那些本身是重要的和中心的部分，可以用在其他地方作为工具。但是，它们也不一定能激发研究工作。布尔巴基所关心的是给出参考资料，并为希望了解一个理论的本质的人提供帮助。他所关心的是，如果谁要搞研究工作，比如说拓扑向量空间，那么他必须知道三四个定理：哈恩（Hahn)-巴拿赫（Banach）定理、巴拿赫-斯泰因豪斯（Steinhaus）定理、闭图像定理等，问题是在哪儿找到它们。但是，没有人想要改进这些定理，它们就以它们的本来面目出现，它们极为有用（这是最主要之点），因此，它们被收到布尔巴基的书中。这是重要的事情。至于谈到激发研究工作，假如在一个老理论中存在未解决的问题，显然在书中要指出来，但是这并非布尔巴基的目标所在。

我再重复一下，布尔巴基的目标在于提供研究的工具，而不在于对新数学中的未解决问题做激动人心的讲演，因为这些未解决的问题一般来说远远超出布尔巴基的能力范围，这是活数学，而布尔巴基并不触及活数学。根据定义，活数学每年在改变,布尔巴基办不到这点。假如有人遵循布尔巴基的方法也就是花十年八年完成一本书去讲活数学,那么你可以想象 12 年之后这本书会是什么样。它绝对是什么也代表不了。它就必须不断地修正,就像老百科全书那样,永远也完成不了。

这就是我要给你们的一点说明。现在我非常乐意回答问题,来补充我上面所讲的内容。

回答问题①

……可以说布尔巴基从这样一个基本信念出发,我们愿意承认它是一个不可证明的形而上学的信念:即数学本质上是单纯的,对于每一个数学问题,在处理它的所有可能的方法当中,总有一个最好的、最优的方法。我们可以举出表明这个信念是对的的例子,我们也能举出还不能说明这个信念是对的的例子,因为到目前为止,我们还没有找到最优的方法。

例如,我可以举出群论和解析数论为代表。在这两门学科中,每一门都有许多方法,每一个都比前一个更高明。它们是高级的、精巧的,具有前所未有的复杂性,但是我们可以确信,这并不是讨论问题的最终方式。另外,我们可以举出代数数论。自从希尔伯特以来,它已经如此地系统化,以致

---

① 本译文根据英译文全译,其中删去第一段客套话和中间两句与本文无关的插话。

我们知道存在一条处理问题的正确方法。我们有时也改变这些方法,但是一点一点地,我们最终总可以找到一种方法比其他方法都强。我再重复一下,这只是一种信念,一种形而上学的信念。

……关于数学基础,我们相信数学的现实性。但是,当哲学家用他们的悖论攻击我们时,我们自然会跑到形式主义的背后躲起来,并且说:"数学只是一些无意义的符号的组合。"然后,我们就拿出集合论的第一、二章。最后,他们就不再打扰我们,让我们回到我们的数学中去,去干我们平时总在干的事,那时他的感觉就如同每位数学家的感觉一样:他正在工作的对象是一些实在的东西。这种感觉可能是一种幻象,但是却十分方便。这就是布尔巴基对待数学基础的态度。

(胡作玄译;沈永欢校)

近三十年来布尔巴基的工作^①

迪厄多内

布尔巴基的诞生

数学的历史表明,在引进新思想或者新方法的活跃时期过去之后,就感到有必要把新东西联结成一个组织得有条有理的整体,使得所有数学家都能接受并且提供更强有力的方法来帮助他们解决他们的问题。显然欧几里得和帕布斯的关于几何和算术的有关著作就属于这个范畴的论著;欧拉对当时的代数和分析完成了同样的工作,而拉普拉斯在天体力学及概率方面也是一样。柯西的大部分有关代数、分析和弹性理论的文章也可以放到这类数学论著中去,其中充满了许许多多独创的观点;其后,1880 年左右,弗洛宾尼乌斯在线性代数这个更狭窄的领域里同样以"立法者"的身份出现,而若尔当在他的《分析教程》(*Cours de Analyse*)中对于古典分析也有同样的表现,这本书在其后 40 年一直是这方面的典范;希尔伯特在他的两大巨著——论述代数数的《数论报告》

---

① 原题:The Work of Bourbaki during the Last Thirty Years。本文译自:Notices of A-merican Mathematical Society,1982,29(7):618-623.

（*Zahlbericht*）及著名的《几何学基础》（*Grundlagen der Geometrie*）中也是如此。

1930 年左右，对于大多数从事研究工作的数学家来讲，显然越来越迫切地需要对 1890 年以来在几乎所有数学领域所取得的巨大跃进般的成就加以清查并重新整理。让我们回想一下这段时期诞生的新理论，只讲其中最突出的就有：G. 康托尔-策梅罗的集论、群和非交换代数的线性表示、类域论、一般拓扑和代数拓扑、勒贝格积分、积分方程、谱理论和希尔伯特空间、李群及其表示等。当然，这些理论大都很快就有了极为合格的专著，有的就是由开创者写的。但是这种开创者往往苦于对他们所需要的来自其他理论的背景知识缺少适当的参考资料，例如，埃利·嘉当论李群的卓越的专著(1932 年)不得不先讨论拓扑空间和拓扑群的基本结果，因为在当时的文献中很难找到作者所需要的精确表述。

布尔巴基的构想要更加雄心勃勃：从头开始，给当时纯粹数学中已有的全部理论打下基础，至于应用数学从来也没有考虑过，这主要由于合作者都没有这种能力，也对此缺乏兴趣；有时他们也很想把概率论及数值分析包括进来，但很快也就放弃了。

这种雄心壮志是由要回到博大精深的传统的强烈愿望所鼓舞的，在上两个世纪，法国数学就以这种博大精深而著称,其中H.庞加莱可以说是最突出的代表;但是,由于他的过早去世,接下去是第一次世界大战中年青一代的流血牺牲,法国的数学越来越趋于狭窄的专业化,具有地区的褊狭性。例如,当时法国没有人懂得一点点类域论或希尔伯特、黎斯的谱理论,也不懂群表示论或者李群理论。布尔巴基反对把数学看成一系列孤立的互相隔开的分支。从一开始,这就是他的基本方向。

主要特色

所谓从头开始并不意味像当时已有的论文及专著[甚至范·德·瓦尔登的《近世代数学》(*Moderne Algebra*)]那样,仅仅从某种"朴素"集合论开始。它主要是包含逻辑的基本规则,而尽可能符合数学家的真正的实践活动。1900年以来提出的几个逻辑系统之中,最适合这个论著的通盘考虑的似乎是公理集合论,它由策梅罗定义,由弗兰克尔和斯克兰完成,其中包含一个在完全形式主义的基础上真正公式的生成系统,其中对所用的任何符号都没有赋予意义,特别是也没有给"元素"或"集合"等词下定义。

在这里我们或许可以插进一小段,谈谈布尔巴基对于"基础"问题的态度:对它最好的描述可以说是完全漠不关心。布尔巴基认为重要的是数学家之间的交流;个人的哲学见解与他无关。因此,关于我们应该赋予数学什么意义以及数学与感觉世界的关系，布尔巴基从来没有打算公开发表什么意见，只要他的数学著作符合普遍接受的逻辑规则，即策梅罗-弗兰克尔公理，他自己有什么样的观点完全听其自便。至于无矛盾性问题，布尔巴基拒绝加入那些因为不可能证明无矛盾性而感到悲观失望的人的行列，他们像阿达玛一样认为无矛盾性只是在某一时候才可能确证的，并不能先验地加以证明；矛盾要是出现了，那就只需要消除或改变引起这种无矛盾性的那部分策梅罗-弗兰克尔公理。

现在我们来讲布尔巴基的整体想法。他要求完全给出证明（从来不能把任何一部分证明"留给读者"或者放到练习中去），而且要求极为严密精确（严禁其中存在的一些偶然错误）。这些要求现在看来似乎十分明显，但是在 1930 年左右，在代数、数论及大部分古典分析①中，对拓扑学的证明仍然存在着许多争论，而代数几何学的证明就更多了。对布尔巴基影响最大的是以范・德・瓦尔登的《近世代数学》为典范的证明方式，它本身又是由戴德金、希尔伯特通过 20 世纪 20 年代以阿廷、E. 诺特、克鲁尔、哈塞为代表的德国的代数学派传下来的。布尔巴基打算做的正是用同样方式描述数学中的所有基本问题，阐明它们之间的相互关系，全书始终贯彻使

---

① 不过，我非常怀疑在 1930 年之前是不是有某一本论全纯函数的教科书，其中柯西公式是正确叙述和证明的，即其中提到一点关于积分路径的指数。还可以考虑关于"多形"（或"多值"）解析函数的所有的糊里糊涂的废话。

用统一的词汇以及统一的符号，而不是在不同的专集中分别加以处理。

联结各部分之间的环节是结构的概念。这个概念并非布尔巴基的发明，实际上布尔巴基从来不声称自己发明了什么东西。但用确切的词汇表示出结构，至少可以远溯到高斯时期以来的发展趋势，也就是，越来越相信传统的数学分类实际上并不符合数学的深刻本性。古典的观点按照它们所讨论的数学对象分成各种数学学科，算术是数的科学，几何是空间对象的科学，代数研究方程，分析研究函数，等等。不过，人们逐步认识到，这些数学的"片断"(姑且这么讲)所用的论证或结果没有料到也能用在其他"片断"上，因此实际牵涉的并非所考虑的对象的**本性**，而是它们之间的相互**关系**，虽然这只有在深入而艰苦的研究之后才能发现。例如，在许多方面素数的性质和复平面上的点的性质很类似，平方可积函数同欧氏空间中的向量很类似。这些都是对的，但绝不是显然的。

也是在 19 世纪中(主要是 1840 年之后)，数学各个部门的进步促进了像讨论所有的数学对象的各种显然互不关联理论中深藏的群、域、环等初等的抽象构造，还发现它们的简单性质往往不费劲就推出以前需要用复杂的特殊论证或计算才能证明出来的特殊结果。这个过程有时需要用相当长的时间：用了 50 年才得到群的普遍概念，向量空间线性映射及外代数的思想也经过 80 年顽强的反对[①]，局部坐标或张量演算同样经过极为艰苦的斗争才成为共同的思想。

对数学老的过时的分类与基于结构的新分类的差别可以比作博物学家对动物分类观点的改变。他们开始只是考虑表面上的相似性（例如海豚和金枪鱼具有相似的形状，对它们的环境有同样的反应）；后来他们发现合理的分类必须依赖于更深刻的解剖上和生理上的特征。也正像在这个过程中他们逐步发现所有生物之间令人惊异的统一性一样，数学家也认识到在各式各样部分之间差别极大的外表后面的数学的根本的统一性。

1930 年，这种演进已经在代数学中出现，我们只要把范·德·瓦尔登的书和以前的书加以对比就很清楚。布尔巴基所做的无非就是把同样的观点以彻底的一致性扩充到整个数学，而完全无视那些与这些新观念相冲突的传统。立刻可以看出，存在几种类型结构，最简单的（使用最少数的对象类和公理）是代数结构、拓扑结构及序结构（布尔巴基称这些为"基本结构"）。但是从 G. 康托尔以来就很清楚在实数概念中这三种类型结构都出现了，而且它们之间还有各种关系。因此，布尔巴基以其蔑视传统的态度，毫不犹豫地把实

---

① 1933 年，麦克达菲的极坏的书可以作证，照我的意见，尽管这本书取得很大成功，但它是有史以来写得最坏的代数书。

数引进推迟到第Ⅲ卷中，也就是在讨论三种基本结构的一般性质，甚至它们在拓扑群理论中结合起来之后才出现。

对于全书的框框，也就是它的骨架就说这么多。现在的大问题是在这个框框中，用什么材料进行造型，在这个骨架上添上什么"肉"。换句话说，从一开始，主要问题就是选择问题。一开头我们就排除掉那种百科全书式无所不包的雄心，这不仅是出于明显的资料太多的原因。我们所设想的是使它成为搞研究的数学家可能需要的最有用的定义和定理（如上所述，具有完全的证明）的宝库；必须让他们容易接触到而不必去文献堆中进行费力的挖掘，并且有最广泛可能的应用，使得数学家不得不采用到他们的特殊问题上。例如，希尔伯特、黎斯、海莱（Helly）等人在他们的泛函分析的研究中必须使用他们所谓"选择原理"的工具。对此，他们每个人都必须首先对他们正在考虑的空间给出一个特殊的适用的证明，结果所有这些"原理"都是一个定理的特殊情形，即对于任何巴拿赫空间在其对偶空间中单位闭球体是弱紧的。因此这就是研究泛函分析的数学家应该在布尔巴基的书中找到的那个定理。

换言之，布尔巴基的书是计划给搞研究的数学家当作工具袋、工具箱的。这是谈论布尔巴基或者谈论其计划或内容时都必须记住的关键词。

这种细微的方向选择的一个后果是：甚至有些著名的定理也不包括在内，如果它本质上是死角，没有可预见的进一步的应用。例如，伽罗瓦理论特别是数论及代数几何学的奇妙的工具，在布尔巴基中完全被如实地加以论述。不过，其中根本没有提到伽罗瓦关于根式可解的判据（而这只是他首先追求的目标，为此他发明了这个理论），这同一般代数书恰成鲜明对比，因为自这个定理发现之后，它从来没有找到明显的新应用；它虽漂亮地解决了一个老大难问题，但是本质上它是一个死角。

到现在为止我所讲的揭示出了布尔巴基的典型特色，就是他一丝不苟的、坚定不移的、不屈不挠的、不妥协的态度。布尔巴基的成员在精心撰写各种不同的章节时进行了大量的讨论，一般都是延续许多年；但是从来没有人公开在他的名义下揭露这些内幕，并且布尔巴基也从来没有以他的名义同"外界"（姑且这么讲）进行论战，尽管他遭到许许多多批评，他从来也没有发表过宣扬自己思想的言辞，甚至连一句有关政策或目的的话也不讲，除了有下面三个例外：首先，在布尔巴基的早年，发表过一篇《数学的建筑》，其中描述了他关于结构层次的概念；其次是发表了一篇《数学研究者的数学基础》①，以描述他所采用作为全书基础的逻辑规则系统；

---

① 发表在《符号逻辑杂志》，1949，14。

第三个例外是每卷中以"读者指南"为题的插页,它本质上局限于描述书中材料组织成章、节、习题及它们之间的相互依赖关系。我认为他这种对讨论或争论的拒斥态度来源于这样的信念:数学内容必定由于自身的优缺点或站住脚或倒下去而不需要做任何广告。这种态度可以总结成"取或舍"。

因此,关于布尔巴基对于他认为重要的概念或结果的选择,寻求对它的正式声明是徒劳的,因为它并不存在;没有人(包括我在内)有过这种权威以他的名义发言。我们所能做的只是提供个人的解释,因此,我请求你们记住下面所讲的纯属个人意见。

这种意见是基于我的信念(这种信念我相信大多数布尔巴基成员都有,至少是隐含地有):数学是民主的对立面。历史表明,真正萌芽的思想来源于少数第一流数学家,在 18 世纪中肯定不超过 20 位,在 19 世纪中或许有 100 位,在当代就更多了,但是在全部专业数学家当中所占的百分比仍然很小;如果否认这样一个十分可靠的事实,那就同想要反抗重力一样幼稚可笑。每个人都有其局限性,那些没有伟大创造者所具有的发明想象的天赋的人仍然可以对科学做出十分有益的贡献:他们可以把新思想精心写成更合乎读者口味的形式,用可靠的评述使之更丰富,使之在学生和同事中广泛传播。如果我可以在此加进我个人要补充的话,我就会讲我多么感激命运赋予我同当代一些最伟大的数学家在一起生活和工作的特权，从而使我能够起到我刚刚提到的传播他们的思想和发现的作用。

因此，在考查布尔巴基书中应该包含哪些工具时，我似乎觉得一个决定性的因素是它们是不是被大数学家使用过，以及这些数学家认为这些工具的重要程度有多大；其他人的意见则被故意忽视。对布尔巴基具有最深刻的影响的数学家在德国或许是戴德金、希尔伯特以及 20 世纪 20 年代的代数及数论学派，在法国或许是 H. 庞加莱及埃利·嘉当。虽然这些伟大的数学家无论在他们的风格上还是在研究领域上彼此差别都很大，但他们有着共同的数学哲学，即试图用涉及"抽象"新概念的方法来解决经典问题，这点据我看也是布尔巴基的中心思想。这就意味着，一方面布尔巴基强烈地倾向于把从结构的公理研究中所得到的全部威力运用到老问题上面；另一方面，他又对于那些沉溺于无目的的抽象理论的数学家置之不理，这些公理化的垃圾已经充斥在许多杂志当中。

总之，我们看到，尽管其初始目标是普遍性，最终布尔巴基的书还是大大压缩了（尽管篇幅还是相当可观），其中逐步消除掉：

（1）理论上最终不构成新工具的产物；

（2）被大数学家咒骂的、无目的的抽象发展；

（3）第三类限制来自这样一个事实（按照大数学家的意见），一些非常活跃且非常重要的理论似乎离用明显的结构的相互作用来描述仍然很远，例如有限群或解析数论；

（4）最后，存在一些数学分支，其基础结构很明显，但是处于高涨状态，强有力的新思想和新方法不停地注入其中，以至于任何把它们组织起来的企图都注定很快就要过时。例如代数拓扑学和微分拓扑学或代数几何学和动力系统理论。

因此，布尔巴基的初始计划局限于三个基本结构：即"序""一般代数学"和"一般拓扑学"以及它们的一些组合，如拓扑群和拓扑向量空间；最后是初等微积分和积分论。后来，结果显示再包括交换代数学、李群及李代数（不过没有代数群）以及某些谱理论也是可行的。现在正在考虑是不是有可能包含一些解析几何学。

对布尔巴基的反应

现在让我们转而谈数学界对布尔巴基的反应。第Ⅰ卷不幸是在最不合时宜的时候出版，因为正好赶上第二次世界大战的爆发，因此首先，它理所当然地完全没有受到注意。我想，很可能数学家是由于布尔巴基的合作者发表的个别文章中提到他（大都是在脚注中）而注意到的。由于编成每一卷所需的时间变化很大，快慢不一，所以出版的顺序与各章和各卷的逻辑顺序相差甚大，因此在 20 世纪 50 年代中期之前合理地抓住全书整体的结构几乎是不可能的。从那时起，引用布尔巴基的书的数目显著地增加，当然大多数是用法文写的论文（尽管全书的某些部分已经有英文版），对此我还应该补充一句，我觉得在布尔巴基的书出版后所写的明显受到布尔巴基的启发（这就很像布尔巴基的代数学受到范·德·瓦尔登的影响）的专著，应该称为接受的利用；专家可能认为参考这些专著要比参考大部头的布尔巴基著作更为容易得多。

如上所述，布尔巴基在选择符号和术语上特别认真仔细。他在集合论中推广交、并和空集的符号 $\cap$、$\cup$、$\varnothing$，得到普遍的接受，在用 $\subset$ 上没有取得同样的成功（大部分作者仍愿意用 $\subseteq$），至于 C（补集）和 Pr_1、Pr_2（投影映射）就更差了。

在布尔巴基之前，有些作者（像范·德·瓦尔登）已经用大写字母 N、Z、R、C 分别表示自然数集、整数集、实数集和复数集。布尔巴基建议用粗体字来表示这些符号，以便把通常的罗马字母或斜体字解放出来用于其他地方。他还在这些字母之外，加上 Q 表示有理数集，H 表示四元数集（这首先是鲍特提议的）。这些符号（最后在手稿或打印资料中通过"日本式"记法 $\mathbb{N}$，$\mathbb{Z}$ 等完满地定下来）现在已为绝大多数人所接受。不过大多数英语作者仍拒绝使用 F_q 表示有限域，继续使用狄克逊的 $GF(q)$。其他得到布尔巴基支持现在已广泛流传的符号还有:用 $x \otimes y$,$x \wedge y$ 表示张量积和外积,$\langle x,y \rangle$ 表示双线性型,$\sigma(E,F)$ 表示弱拓扑。

布尔巴基对于专门术语的态度正如在他的读者指南中所述,是接受或者至少是容忍传统的专用名词,除非它意义含混或者不合文法,或者与语言的正规用法不相容。结果在近代数学产生的许多领域中,许许多多数学家主要是用英语或者用德语写作,在表现完全缺少想象力及完全地蔑视他们的语言方面犯下特别严重的漫不经心的错误。一种典型的罪恶就是他们乱用缩写,而布尔巴基则强烈反对这样做,他认为墨水和纸张足够便宜,以至于完全可以避免用缩写。在这种情形下,布尔巴基觉得引进新的专门名词是他的一项义务,他主要由两项原则所引导:用词要尽可能地短,并且容易翻译成主要的科学语言。如果可能的话,能够让人想起它们所指称的概念或者它们的创始人。

我们举贝尔的可悲的专门术语"无处稠密集"和"第一纲集"为例,布尔巴基试图把它们换成"稀疏集"和"贫乏集",但成绩不大。还可以考虑克鲁尔在 1935 年出版的《理想理论》(*Idealtheorie*),其中有下列专门术语:

O 环:具升链条件环;

U 环:具降链条件环;

ZPI 环：所有理想能唯一分解成素理想的环；

ZPE 环：所有元素能唯一分解成素元的环。

布尔巴基把它们分别代以诺特环、阿廷环、戴德金环和因子环，前三个词已经很快被接受下来，但第四个没有被接受，除了大多数学家根深蒂固的、顽固不化的保守主义之外，并没有什么明显的特殊原因。作为这种保守主义的另外一个例子可以考虑布尔巴基想用"域"（如果必要的话，用"斜域"）来取代"除环"而遭到失败；我们还会想起 S. 麦克莱恩（在 1948 年评布尔巴基的《代数学》时）反对在纯量构成环而不是域时用"代数"这个词（我认为在那以后，他已改变这种观点）；还有苏联数学家拒绝使用"紧"（compact）来代替毫无意义的"双紧"（bicompact）（一个空间不能两次紧！），他建议的专门名词可能是完全合乎逻辑的，但是并不足以保证它被接受。举例来说，布尔巴基建议把有序群中"正的"理解为 $\geqslant 0$（当然，布尔巴基把许多人坚持称为"偏序的"称为"有序的"，尽管后者的人数比前者要多得多），不过老术语"非负"仍然在应用，而不顾事实上它显得多么荒唐［一个区间上实函数的有序群，"非负"函数 f 是对某些 $x, f(x) \geqslant 0$ 的函数，而不是对于所有 $x, f(x) \geqslant 0$ 的函数］。

布尔巴基在专门名词方面所取得少数的伟大成绩之一是引进"surjective"（满射）及"bijective"（双射）来取代不合文

法地用"onto"（映上）（在法文中则更糟），它们同"injective"（内射）形成一个协调一致的系统。这几乎一夜之间就被普遍接受。另外一个被广泛接受的专门名词是区别开度量空间中的"闭球体""开球体"和"球面"，而在 1940 年之前存在极大的混乱。布尔巴基试图在"代数""余代数"（cogebra）及"双代数"（bigebra）等名词上也取得成功，不过他只获得少数人的支持，尽管"双重代数"（bialgebra）同"双紧"一样荒唐（它并不意味着有两个代数结构!!）。

布尔巴基的演进

最后，我要谈谈某些（仍然是严格个人的）关于布尔巴基的原始想法以及他们在近 30 年中结果是如何改变的看法。与通常所说的相反，布尔巴基的态度并非完全的僵硬不变，只要数学演进证实引进某些新概念是正确的，或者表明他以前所忽略的现存概念比他原来所想象的更加有用，他就总是愿意改变他的观点。但是，他决不屈服于只不过是一时的甚至是很流行的狂热，他的格言是"等着瞧"。

我已经叙述过布尔巴基对于逻辑和集合论的态度，这些很少包含在它的全书中间，即只包括那些布尔巴基认为是重要的定理的证明中绝对需要的东西。1950 年，逻辑取得了巨大的进步，但是按照布尔巴基的意见，它并没有给数学家带来足够新的工具，而迫使他的态度发生改变。在将来也许有可能,现在发展起来的非标准分析以及数理逻辑的类似应用会产生惊人的发现,但是眼下还并非如此。因此"等着瞧"的态度又占了上风。

我们常常听到人们想知道为什么布尔巴基不发表一章论范畴和函子,我想理由之一如下:在这些概念特别有用的那些数学分支,例如代数几何学、代数拓扑学和微分拓扑学,布尔巴基都是出于上面提过的理由,不能考虑把其内容包含在书中。对于许多其他的数学分支,肯定也能用范畴和函子的语言,但是他们并不能给证明带来任何简化,甚至于在同调代数(布尔巴基书中最近出版讨论模的一章)可以完全不用范畴和函子,而使用它们实际上就等于要引进额外的专门名词。

当布尔巴基的《代数学》出版之后,他当然不可能在代数的许多方面比范·德·瓦尔登写得还好。但是,有两个在整个数学中都变得十分基本的理论还没有收入范·德·瓦尔登的书内,即模的对偶和多线性代数,特别是我觉得可以说布尔巴基的书头一次对格拉斯曼的外代数给出完全和有用的论述。外代数在格拉斯曼的著作中是根本读不懂的,而追随他的第三流数学家所写的书就更加蹩脚了。布尔巴基尚未完成的新版包含更多的材料(发现在许多应用当中需要外代数,特别是在交换代数中),但是没有很大的改变,只是增加了上面所提到的论述同调代数的新的一章。

1945 年之后，代数几何学迅速和惊人的变化，促使布尔巴基致力于写一本关于交换代数的新书。虽然这本书尚未完成，似乎新版有必要考虑许多已经在代数几何中找到用途的新概念和新结果。

在布尔巴基关于一般拓扑学的书出版之前，一般拓扑学的基本概念已经在豪斯道夫、库拉托夫斯基、谢尔宾斯基的书中论述过。但是布尔巴基的书再一次在文献中首先考虑一致性空间、拓扑学、函数空间。新版中主要的改变也主要是由于代数几何学的影响，如加进了一节本质映射。另外一个更加突出的变化是更加完全地研究不满足豪斯道夫分离公理的空间。在第一版中，这些空间被认为是病态的，因为没有人知道它们自然地出现在任何数学的分支中。但是1950 年以后，查瑞斯基拓扑成为代数几何中极为重要的工具，当然它不是豪斯道夫的；大约同时，在谱论中也出现其他类型的非豪斯道夫空间。

布尔巴基关于拓扑向量空间那卷也是第一本关于局部凸空间的教科书。它自然包括巴拿赫的有关书中证明的所有结果。但是，它从更一般、更有用的背景中来论述。再有，它还包括拓扑向量空间应用于现代广义函数及偏微分方程论所必需的所有工具。当然，现代泛函分析中另一个基本工具是谱理论，布尔巴基已着手写一卷谱理论，但大部分还处于准备阶段。我觉得没有必要再提布尔巴基关于李理论的那卷(也还没有完成);它在其他多卷出版之后才出版,只是因其完备性而著称。

布尔巴基书中的最后最有争议的一卷是关于积分和测度论的。布尔巴基认为积分是泛函分析中必不可少的工具,特别能应用于连续函数,在连续函数上的积分就是一种线性型,这样它就表现为整个一族线性型——广义函数的一种。但是,这当然意味着与积分相关联的测度是拓扑空间上定义的拉东测度。这不符合概率论专家的需要,他们要用定义在没有任何拓扑的集的子集"族"(tribes)(在可怕的英语术语中称为 ρ-环)。他们往往必须讨论变子集族,结果他们摒弃布尔巴基的观点。至今这个僵局还没有打开。

最后我试图回答一些批评,事实上这些批评不是指向布尔巴基本身,而是指向他的著作的用法。当然,最容易、最简单的回答是说,作者不能对下面这种事实负责:一旦他的著作出版了,就有人要引述他的书来证实他从来就没有打算过也没有预见到的理论和行动。最特别的是,有一件归咎于布尔巴基的事,即主张在初级教学中较早地引进抽象的、(在那种水平上)一般是无用的概念,这是一种有时以"新数学"著称的趋势。让我们回想一下:布尔巴基全书的目的是给数学研究者即从事研究工作的数学家提供工具。因此,它根本不涉及主要大学的研究生水平以下的数学问题。连在较低的水平上引进他的书中概念的可行性或可取性,布尔巴基也没有表示过一点意见，更不用说小学和中学了。至少可以说，这种偏向的拥护者通常是那些对当今数学知识一无所知的人。

实际上对于布尔巴基的观点的另外一种攻击也可以给予同样的回击，他们说布尔巴基好像鼓励发表空洞无物的数学和为推广而推广。在布尔巴基的书中改进一个概念或一个主要定理都是经过长期反复的讨论之后才决定的。在讨论中，要求倡议者论证在哪些结果中这些概念或结果是至关重要的工具。换句话说，如果一个人对许多经典的或更现代化的数学理论没有广泛的、巩固的基础的话，他就不能理解或批评布尔巴基的选择，这就是为什么布尔巴基认为过早阅读他的书可能害多于利。但是他无法防止这种错误的引导，因为这样会导致争论，而我刚讲过，这正是他坚决不干的事。

但是有一种办法试验他在这个问题上的意见，也就是看一下近 25 年中在他的支持下举办的布尔巴基讨论班上所做的近 600 个报告的目录，我想任何没有偏见的观察者不会看不出其中包含的理论大都是国际数学家大会邀请所做的报告题目或者国际各种奖的获奖者研究的；而另一方面，几乎没有报告谈的是空洞的推广。

当然没人能预见布尔巴基的未来，因为它和数学的未来是不可分的。可能一旦他正在写的书完成之后，他的合作者会决定，由于上述原因，从事其他部分数学的写作是不可取的。全书应该结束，直到未来的进展使全书过时，像所有以前的书一样。但是，也可能会产生突然的、没有料到的进展，使我们当今对数学的概念带来急剧的变化。到那时，去考虑对它进行至少部分的修改可能是有用的，这为的是保持它基本的目标：给数学研究工作者进行研究工作提供工具。

（胡作玄译）

布尔巴基的数学哲学[①]

迪厄多内

我觉得我在这次讨论会上听到的报告似乎是为了达到双重目的：一方面是描绘 1900 年左右数学、逻辑和现实的关系的历史状况，另一方面是引出真正的数学哲学。我要讲的不属于这整个计划的第一方面，但是我也对大多数论述第二方面的报告的方式表示强烈的保留意见。

我觉得，真正的数学的认识论或数学哲学应该以数学家具体的研究方式为其主题。哪有人讨论物理学的认识论而不谈相对论或量子？哪有人讨论生物学的认识论而对遗传学一言不发？但在我所听到的大多数报告中占统治地位的似乎正好是一种类似的趋势，作者认为他们谈的是今天的数学，而实际上他们真正考虑的是前天的数学。

这种错觉来源于像大多数哲学家那样多多少少不自觉地把两部分数学看成相似，一部分是数理逻辑和集合论，另

① 原题：La philosophie des mathematiques de Bourbaki。本文译自：Jean Dieudonné，Choix d'oeuvres mathématiques，Tom Ⅰ-Ⅱ，t.Ⅰ，27-39，Hermann Paris，1981.

一部分是数学的其余部分。这种态度在 20 世纪初是非常合理的，因为当时这两部分有着紧密的联系，那个时代大多数数学家对于数学"基础"问题表现出极大的热情，即便他们的研究与逻辑或集合论都不相干。但现在应该考虑的是，当今的情况已经根本不同：专攻逻辑和集合论的数学家（下面我将简称为"逻辑学家"）和其他数学家（下面我将简称为"数学家"，为的是不老说"既不搞逻辑也不搞集合论的数学家"），几乎彼此完全互相脱离开。这里还必须重申，对于当今几乎全部数学家来说，逻辑和集合论已经成为边缘学科，在 1925 年以后就已经如此，而他们并没有察觉到这点。我们钦佩导致哥德尔、P. 柯恩、塔尔斯基（Tarski）、J. 罗宾逊、马蒂耶维奇的元数学定理的工作的技巧与深度，但是它们对于数学家感兴趣的绝大多数问题的解决并没有任何（肯定的或否定的）影响。这样说可能有点挑衅，但是我不怕。这并不是个人意见，而是事实。

布尔巴基的想法

为了解释这些事实，这里我们可以诉诸布尔巴基，虽说布尔巴基绝对不是凭空捏造出来的，它原来的产生是为了以细致和完备的方式阐明所谓"形式主义"数学家的实践。如我们以后将看到的，这些数学家构成当今几乎全部数学家。

"形式主义"数学家感兴趣的对象是某些"集合"的"元

素"以及它们之间的某些"关系"。不难给上面加上引号的词下定义，而这只考虑符号系统的适合原意的解释，它们遵从严格的句法，而与要做的解释无关。在这种句法中，列出一部分规则，它们形成古典逻辑。还有一部分我们认为是"真的"关系，称为集合论的公理。这些规则和关系就构成现在简称的策梅罗-弗兰克尔系统（简记作 ZF 系统）。

如果仅限于此，我们从中总共也只能得出"裸露的"集合论（布尔演算、基数、序数），当今数学家中至少有 95%（我也算一个）会觉得对它没有什么兴趣。为了得到使他们感兴趣的问题，必须在 ZF 系统中再加进一些关系，再按句法规则从中进行推论。这种发展构成我们所谓的结构（或范畴）理论，这些基本关系称为这个结构的公理。它永远保持开放状态，因为数学中不存在完成的理论。

如果我们用经典观点来解释这些概念，就必须把一个结构的公理考虑成为"隐含定义"（按照庞加莱的巧妙用语）：以精确方式固定所研究对象的基本性质，而禁止在研究中诉诸任何其他的不管是什么的性质。典型的例子是群的结构，它是由给定一个映射 $G \times G \to G$，满足三个经典条件来定义的（如果我们加上"射"的定义，就得到群的范畴）。在当前数学中有二三十个这类的大结构，它们不是任意发明出来的，而是对经典问题深入地研究逐步得出的。它们的重要性一方面由于从适当选定的少数公理能够得出在证明中特别有用的大量结论,另一方面在极为丰富多彩的数学对象中能够识别出这些结构,结果把它们带给自己的工具变成整个数学工具库的一部分(例如群在所有数学分支中的表现,它的多样性是极为惊人的:有限群、交换群、紧群、代数群、形式群等)。使人不感兴趣的是那些只能应用在单独一个(不计同构)对象上的结构。遗憾的是,大多数哲学家当他们讲到"公理学"时提到的往往是这些结构(皮亚诺公理、实数公理)。

对于形式主义者来说,各种理论的无矛盾性问题(通过构造模型)归结为 ZF 系统的无矛盾性。而 ZF 系统总是被认为很可能是真的(这就像说物理学家假设自然规律的永恒性一样)。他们否认庞加莱的过分的断言,他强求给这种无矛盾性一个"证明"(我们知道,自哥德尔之后,这种希尔伯特曾梦寐以求的证明在任何合理的意义之下都是不可能的)。

事实上,布尔巴基学派所阐明的所有这种系统对于当今绝大多数数学家来讲都是完全不言而喻的。随便翻翻近年发表的文章,我们很难找到任何这种声明,说他信奉某某逻辑系统,他的论述是基于这种系统论述的。当然作者更不会限制自己用我上面讲过的严格形式语言来编写。他们满足于使用足够有表达能力的方式使他们的同行看懂就行,而且还要组织得足够好使同行及他自己留下这样的印象,即证明几乎可以机械地翻译成形式语言。这就包含出现某种错误的可能性。不过实践表明这种可能性是足够小的,因此我们不能说当今的数学家真是"形式主义者",他们只是回到康托尔之前的数学的"朴素"态度而已。用古典逻辑来表达他们的发现已绰绰有余,而且他们干脆就对逻辑学家所发明的所有别的系统(二阶逻辑、多值逻辑、模态逻辑等)一无所知。至于"大"基数或序数的思辨,他们中有 95% 的人表现得无动于衷,因为他们从来碰不上这些东西。更少的人会去进行"悖论"的思辨,只有逻辑学家才去想这些。反反复复用各种不同的方式来定义整数、实数或者欧氏几何,也许使他们的祖父感兴趣。但是对他们来讲,这些问题早就解决,早已经过时了。他们知道,某个地方存在的一个形式系统为他们所做的打下一个牢固的基础,他们具有"朴实人的朴实信仰",相信数学大厦的结构是严密的,而 30 年来所实现的巨大进展只是使这种信念更加牢固。

因此,在这些数学家中不能谈"数学哲学",同样在布尔巴基阐明许许多多东西的论著中,也只有两三页来证明一种哲学立场。关于数学与可感觉的现实世界之间的关系,他的立场本质上是反教条主义,即反对封闭在僵硬的教条立场之中。他讲:

谁愿意去思考数学实存的"本性"或者他使用的定理的"真理性",他可以自由地去思考,只要他的思考能够用通常语言写出来。

至于无矛盾性问题,他的态度完全是实用主义的,虽说我们有全部理由相信 ZF 系统是无矛盾的。

布尔巴基说:"如果不是这样,那所看到的矛盾也是由建立在集合论基础上的原理所带来的,因此只需要修正集合论而尽可能不损害我们能够坚持的大部分数学。"

直觉主义者和构造主义者

布尔巴基的"哲学"主张就到此为止,我下面要补充的不应该归诸于布尔巴基,它只表明我个人的立场,虽然我知道许多布尔巴基成员也同样持有这种看法,但我还是应该对此负完全责任。

我已经多次谈到"几乎全部"数学家。实际上,还有那么一小撮数学家并不接受"形式主义"的论点,而属于在 20 世纪初对于"基础"进行大论战过程中所涌现出来的另外的思潮。

我们知道在那个时代,像"逻辑主义"和"直觉主义"这些学派特别繁荣。我认为逻辑主义并不很重要,因为据我所知,没有任何数学家(在我给数学家所下的定义下)的论文曾经按照这个学派的原则来写,没有任何数学家迷恋过这个系统的逻辑学。那么,他的主要作者罗素,是不是由于他在哲学上的声誉(这方面我不予讨论)而轻信说他也是一位数学家?事实上,这位从来没有证明过一条新定理的"数学家"从弗雷格(Frege)及皮亚诺的先驱工作中吸取数理逻辑的思想，只是拙劣地拼凑成他的"类型论"这个庞大的杂货摊，而且连这个也不具有完全整理表述好的优点。我们还可以看出他对数学根本不懂，居然在 1914 年攻击起戴德金关于截割的经典著作来了。他断言在普普通通的"结构推移"中看出一个新公理，而且用下面这些奇怪的词讲道：

把我们所需要的假设当作"公理"的方法有许多好处，就像用盗窃的手段比诚实的辛勤劳动所具有的好处一样！

这似乎出自傻瓜之口，从那以后就总不停地重复，想把数学变成"逻辑的一部分"。这种考虑只是因为把集合论认为是逻辑的一部分。这种断言如此之荒唐，就好像说莎士比亚或歌德的著作是文法的一部分一样！

对于集中在直觉主义周围的趋势，我们应该予以更认真的对待。这是由于这样的事实，如果说这种思想的支持者总是极少数，那他们在当时大多数人当中的影响是不容忽视的。头一位直觉主义者无疑是克罗内克，后来是庞加莱和他某些更年轻的法国同事，如 E. 保莱尔、拜尔、勒贝格。这种趋势近 50 年来具体体现在布劳威尔(Brouwer)这个人身上，正是他才创立一个真正的学说。最近，直觉主义者又在构造主义的名义下采取不同的变形，其中有美国数学家 E. 毕晓普(E. Bishop)（他同布劳威尔一样，由于先前也做过某些经典型的漂亮工作而著名)以及德国和苏联的数学家。

如果说很难精确确定所有直觉主义数学家全都一致同意的原则,至少他们中的大多数有一个特点是共同的,那就是他们在讲述自己信念时的激情以及同样程度的高傲自大。他们用的腔调不像是哲学家以清楚明白的方式来权衡科学学说赞成什么或反对什么,而是更易使人想到像宗教的先知那样设法使不信者改宗一样。下面我们有机会通过引文证明这点。

因此我无意肆无忌惮地模仿他们的论战调子来表达我的意见。直截了当地讲,据我看,直觉主义者或构造主义者的所有批判和所有禁令的基本出发点只不过建立在一种规模巨大的神秘化之上。他们反复说的让人都厌烦的论点是数学应该有"意义",如果谁要是想确切弄清他们这话到底是什么意思,就会得出结论,它的意思差不多就是克罗内克最早的纲领,也就是唯一有价值的数学就是:

……可以用整数集合中通过有限多步(即便是假设的)能完成的某些运算的结果所描述或预言的……

构成整个大厦基础的是自然数。这些数学家断言,对于自然数他们具有最简单、最基本的"直觉"。的确,"直觉"这个词按照它被使用的方式能够表示某些意思,但是我们所谈的数学家要想把他们的学说建立在一个普遍的基础之上,而

这个基础只能是采取大家接受的,也就是说,像小拉鲁斯(Larousse)辞典上的定义:

直觉:对于真理不借助理性的、清楚、直接、立即的认识。

按照我的意见,对于所有整数的集合及其基本性质有这种认识,从心理学上讲,只不过是十分荒唐的**大骗局**。举例来说,性质 $n+1 \neq n$,对于形式主义者来讲,是皮亚诺公理的初步推论,可是又有谁能说(在上述定义之下)对它有一种"直觉"?所有人在谈到性质 $3 \neq 2$ 时会承认这是直觉,但谈到 $31 \neq 30$ 时,我已经表示很大的怀疑,因为如果有人并排给我显示两张板,一张上面随便画 31 个点,另一张上面画 30 个点,我确知要不靠细数扣除的办法不可能区别开它们,也就是说,根本谈不上"立即、不借助理性"的认识。同样,如果有谁来告诉我,他对性质 $10^{10}+1 \neq 10^{10}$ 的真理性具有"直觉",我会立即回答说,他把别人当傻瓜!

但这并不妨碍有人会使我们相信这点,更有甚者,比这个骗局还厉害,有人还会用更加夸大的骗局来猛攻我们:当形式主义者满足于思考 ZF 系统的无矛盾性是**极为可能成立**的,直觉主义学派的数学家却大声叫嚷,从他们对整数序列的奇妙"直觉"出发,**绝对肯定**不会遇到矛盾。让我们听听庞加莱在同库图拉论战中说的话:

……库图拉(Coutourat)先生接着说,因此,断言一个定义不真,除非首先证明它是无矛盾的,这就表达一种任意的、不合理的要求。对于无矛盾性的要求再没有比这种说法更有力、更高傲的了⋯⋯库图拉先生说:"这些公设假定是相容的,正如被告都假定是无罪的,直到相反的情形得到证明"⋯⋯无须补充,我不同意这个要求⋯⋯对不起,这对你们不可能,但对我们却不是不可能,因为我们承认归纳原理⋯⋯

1922 年,斯克兰在反驳形式主义时也用同样的说法:

⋯⋯我们唯一关注的应该是,原始的基础应该是清楚、自然、毫无疑问的东西。整数概念及归纳原理就满足这个条件,但是策梅罗型的集合论公理肯定不满足⋯⋯

1970 年,又在毕晓普处听到回声:

对于构造主义者来说,无矛盾性不是吓唬人的东西。它并没有独立存在的价值,它只不过是正确思想的结果。

从这些话中,我们可以领会到这个学派的支持者的傲慢以及不能容忍的教条独断主义,还有最坏意义下的"新闻"作风,这想必是庞加莱自己贬低自己。这种态度并没能阻止他们的信徒越来越狂热,有时甚至像宣传太平盛世说那样,正如毕晓普的学生斯托尔岑伯格(Stolzenberg)对于 1967 年出版的毕晓普的书所做的热情的书评:

他(毕晓普)提出,一旦构造主义者的纲领的结果和优越性被认识到，现在正在搞的经典数学作为一门独立学科可能就不会再继续存在下去，他这么说可不是开玩笑。

在毕晓普的书出版后 12 年间，《数学评论》每个月平均评论 1 500 篇论文（除了关于逻辑和集合论的论文之外），我们最多看到一两篇文章显示出对于"构造主义者"的清规戒律的关注。

只需要一点点良知就能看出所有这些可靠无误的断言在什么地方靠不住。斯克兰打算对 ZF 系统的公理及他本人的"直觉主义者"的信念进行比较，提供一个明显的例证。如果他的确一个一个公理进行考查，我们就会看到，当局限于只有少数元素的有限集合时，它们也像 $3 \neq 2$ 那样的性质也是"直觉的"（小拉鲁斯辞典的意义下）。形式主义者所做的是，允许存在无穷集合，并把这些"直觉"性质"外推"到所有集合上。而他们的对手把小的整数外推到所有整数，不去考虑他们自以为在玩弄超级性质的"直觉"，难道这有什么不一样吗？

另外，形式主义者还是足够诚实地承认，并不排除这种"跳跃"到无穷而不带来矛盾的危险。正如上面我引用的布尔巴基的论述中所表现出来的，从这种"等着瞧"的态度可以看出我们强调实用和容忍的精神，它同直觉主义者那种专横的决定相去十万八千里，而且经历史发展充分证明是合理的。虽说一些著名的"悖论"看来和当时数学家的实践活动相距甚远,但它表明,我们需要对在证明行动中什么是允许的加以精确化。并且需要辨别出引导到"悖论"应该加以指责的东西。我们知道一开始意见极为纷纭:在"直觉主义者"阵营中,对于庞加莱,这就是"实"无穷与"非直谓"定义,对于拜尔就是无穷乘积的存在性,对于布劳威尔(以及现在对于毕晓普)就是排中律。可是抛弃这些推理的这个或那个,在任何情形下,都导致推倒数学大厦中一面巨大的墙壁。反之,采用 ZF 公理系统只不过是承认数学家时时在用的推理(正如儒尔当先生用散文讲话一样),而这个系统为了消除导致"悖论"的推理所带来的局限性,对于以前得到的所有结果都没有影响。尤其是,尽管过去 70 年中,数学研究在所有方向上都取得巨大的进展,但我们并没有再碰到新的"悖论"。这足以说明为什么当今绝大多数数学家拒绝屈从于那些为了避免假想的灾祸而任意发布的禁令。这同样也说明,为什么他们对我们上面所提到的"基础"问题毫无兴趣。

直觉主义者的"口头禅"

为了让数学家信仰他们的学说,直觉主义者总是设法系统地歪曲他们对手的著作,使得它们模样怪诞或无用,从而贬低它们并使它们显得荒唐可笑。这种"到处都用得上的口头禅"中,头一个无疑是,没完没了重复着的罗素那个著名的俏皮话,即把数学刻画为"谁也不知道讲什么,也不知道讲的是不是真"的科学。似乎庞加莱在 1905 年第一次把这句话变成一个战争机器,这无疑解释了他的成功,我们在其中又发现我们已经碰到的那种大喊大叫的声调:

……这样一来,为了证明一个定理,知道它的含义既不必要,也没有用处,我们可以把几何学用 S. 耶方斯(S. Jevons)的推理钢琴来代替;或者,如果我们乐意,我们可以想象一台机器,从一头投入公理,而从另一头即可以得出定理来。就像传说的芝加哥的机器那样,把活猪送进去,出来就变成火腿和香肠。数学家也正像那机器一样,用不着知道他正在干什么。

从这位当时最富有天才直觉能力的人的笔下,读到这种无聊的话,而且还是在他那本谈到自己发现富克斯函数所写得极为流畅的作品当中,这真有点令人寒心。这里我讲的"数学直觉"已不再是小拉鲁斯辞典上的"直觉"了,因为它涉及两个完全不同的东西,这点庞加莱比谁都清楚,虽然他假装不知道。几年前,我写了一篇文章,试图解释这种差别,我不能肯定大家是否都能很好地理解我的意思。这里我只局限于概括"形式主义者"对此的观点,请原谅其中我要引用我自己的话。它涉及十多年前,我同 P. 勒维(P. Levy)所交换的意见,讨论的是哥德尔和柯恩的不可判定性定理。虽然他不是直觉主义者,但他重述庞加莱的批判。不过,他相信有某种"数学实在,与物理世界的实在完全无关",而且"可数集只是其中一部分",这导致他想到"存在真的但不可证明的定理",也使他怀疑,形式主义者不像他那样依靠某种在深处隐蔽的"实在"而能够进行研究工作。我试图使他认识自己的错误:

是不是说,(如勒维先生所想的)我们另外这些形式主义者是按照电子计算机的方式把公式进行机械的排列组合来进行研究呢? 我没有这样的印象;正如所有数学家一样,我们对于所运用的数学对象各有自己某种个人的"直觉"。在我们寻求证明的时候,我们可能感觉到它,正如埃尔米特曾经很好地描述过那样,我们用一种在我们之外的存在对象进行实验,但是我们中的大多数并不认为,知道这种感觉是不是一种幻觉是有益的。在所有情形下,即便这个问题使我们感兴趣,我们也不认为给别人解释我们的直觉如何把数学的存在显示给我们是有用的。因为对于我们许多同行,这种直觉(假设他们能够交流)也是完全不同的。只有一件事我们认为是不可少的,这就是在编写我们的证明时,要把出发点(公理或定理)以及推理的每一步写得清楚确切。为此,我们需要有毫不含糊的共同语言,而不是要借助于各式各样不同的"直觉",正是这种语言为我们提供了公理方法以及数学的"形式化"。

直觉主义者另外一个"口头禅"是,在他们学说范围之外,例如使用排中律,所搞出来的数学都是既没有"价值"也没有"意义"的。如毕晓普所说：

数学成为集合的游戏，这是一种具有极为完美的规则的，现在看来是绝妙的游戏。游戏成为其自身合理存在的理由，而它代表一种高度理想化的数学存在这个事实则完全被忽视。

显然讨论什么构成一项数学成果的"价值"十分困难。事实上，再没有比这个问题使数学家（形式主义者或其他人）的意见更加分歧的了。至于我，和大多数别的数学家一样，相信一个定理的"价值"是通过它是否解决一个困难问题，以及这个问题是否长期使数学家停滞不前，这种看法同克罗内克以前我们的前辈没什么两样。有一个观点我过去说过，现在仍然坚持的就是，1940 年以来数学的进展要比从泰利斯到1940 年的全部成就还大。对于这个论点表示怀疑的人，我建议他参阅我最近出版的书《纯粹数学概观》，而且这本书还远不足以包括这 40 年来的所有成就。但是为了答复毕晓普的专断的见解，我局限于 1895—1930 年这段时期，考查一下这个时期中某些主要发现（其中恐怕无保留地使用排中律！）：勒贝格积分，积分方程和谱理论，类域论，"意大利"代数几何学，代数拓扑学［庞加莱、布劳威尔（他本人！）、列夫席兹、H. 霍普夫］，群的线性表示［弗洛宾尼乌斯、柏恩塞德、I. 舒尔（I. Schur）］，紧李群及其表示的结构（E. 嘉当、H. 外尔），哈代-李特伍德的"圆法"，丢番图逼近与丢番图方程（A. 图埃、西格尔、A. 韦伊）。

如果说我选择这段时期是因为它正好处于巨大的"基础危机"最激烈之时，并且强调哲学家及逻辑学家想象这场争吵激发数学中的"危机"完全是上当受骗了，那么我上面极不完全的概括所列举的成就足以表明这种想法的虚幻性，新发现的层出不穷至少和前一时期同样生机勃勃，使人惊叹。对此也不难解释：对于这些发展做出贡献的数学家从来没有进行过能导出"悖论"的推理；要考虑如此远离当前实践的论证，需要的是更多的哲学精神而不是数学精神；这也就解释了为什么我们很容易在 ZF 系统中以一种稍受限制的方式就把这种实践系统化而使整个局面恢复正常。

当然，我所谈到的 1895—1930 年这段时期的情况，如上所述，同样可以适用于从 1940 年左右开始的这段时期，并且这一段时期新的发现、新的思想更加丰富多彩。数学从来没有过这样的突飞猛进，以致我们再听到谁还谈论什么"危机"，最善意的想法就是设想他们不是无知，就是不懂或者不想知道，否则一定是被狂热幻象所蒙蔽。他们认为自己在当今数学中所看到的"危机"，除了在他们的头脑里，哪里也找不到。

（胡作玄译）

附录　布尔巴基原始文献

［1］N. Bourbaki, Éléments de Mathématique.

Ⅰ. Les structures fondamentales de l´analyse

Livre Ⅰ, Théorie des Ensembles.

Chap. Ⅰ, Ⅱ (1954)

Chap. Ⅲ (1956)

Chap. Ⅳ (1957)

Fascicule de résulats (1939)

Livre Ⅱ, Algebra.

Chap. Ⅰ (1942)

Chap. Ⅱ (1947)

Chap. Ⅲ (1948)

Chap. Ⅳ — Ⅴ (1950)

Chap. Ⅵ — Ⅶ (1952)

Chap. Ⅷ (1958)

Chap. Ⅸ (1959)

Chap. Ⅹ (1980), Masson

Livre Ⅲ , Topologie générale.

Chap. Ⅰ — Ⅱ (1940)

Chap. Ⅲ — Ⅳ (1942)

Chap. Ⅴ — Ⅷ (1947)

Chap. Ⅸ (1948)

Chap. Ⅹ , Dictionnaire(1949)

Fascicule de résultats(1953)

Livre Ⅳ , Fonctions d'une variable réelle.

Chap. Ⅰ — Ⅲ (1949)

Chap. Ⅳ — Ⅶ (1951)

Livre Ⅴ , Espaces vectoriels topologiques.

Chap. Ⅰ — Ⅱ (1953)

Chap. Ⅲ — Ⅴ , Dictionnaire(1955)

Fascicule de résultats(1955)

Livre Ⅵ , Integration.

Chap. Ⅰ — Ⅳ (1952)

Chap. Ⅴ (1956)

Chap. Ⅵ (1959)

Chap. Ⅶ — Ⅷ (1963)

Chap. Ⅸ (1969) , Masson

Ⅱ. Groupes et Algèbres de Lie.

Chap. Ⅰ (1960)

Chap. Ⅱ—Ⅲ (1973)

Chap. Ⅳ—Ⅵ (1968)

Chap. Ⅶ—Ⅷ (1975)

Chap. Ⅸ (1982),Masson

Ⅲ. Algèbre Commutative.

Chap. Ⅰ—Ⅱ (1961)

Chap. Ⅲ—Ⅳ (1961)

Chap. Ⅴ—Ⅵ (1964)

Chap. Ⅶ (1965)

Chap. Ⅷ—Ⅸ (1983),Masson

Ⅳ. Varietés Différentielles et Analytiques

Fascicule de résultats.

§§ 1—7(1967)

§§ 8—15(1971)

Ⅴ. Théories Spectrales.

Chap. Ⅰ—Ⅱ (1967)

以上除注明 Masson 是由 Masson 出版社出版以外,其他均为 Hermann 出版社(Paris)出版。

Ⅵ. Eléments d´ Histoire des Mathématiques,1960.

[2]Séminaire Bourbaki.

1948/1949—1949/50,Exp. 1—32(1966)

1950/1951—1951/52,Exp. 33—67(1966)

1952/1953—1953/54,Exp. 68—100(1966)

1954/1955—1955/56,Exp. 101—136(1966)

1956/1957—1957/58,Exp. 137—168(1966)

1958/1959,Exp. 169—186(1966)

1959/1960,Exp. 187—204(1966)

1960/1961,Exp. 205—222(1966)

1961/1962,Exp. 223—240(1966)

1962/1963,Exp. 241—258(1966)

1963/1964,Exp. 259—276(1966)

1964/1965,Exp. 277—294(1966)

1965/1966,Exp. 295—312(1966)

1966/1967,Exp. 313—330(1968)

1967/1968,Exp. 331—346(1969)

以上年度布尔巴基讨论班合订本由 W. A. Benjamin,Inc(New York)出版,其中 Exp. 表报告序段,括号中年代代表出版年代。

1968/1969,Exp. 347—363,no. 179(1971)

1969/1970,Exp. 364—381,no. 180(1971)

1970/1971,Exp. 382—398,no. 244(1971)

1971/1972,Exp. 399—416,no. 317(1973)

1972/1973,Exp. 417—434,no. 383(1974)

1973/1974,Exp. 435—452,no. 431(1975)

1974/1975,Exp. 453—470,no. 514(1976)

1975/1976,Exp. 471—488,no. 567(1977)

1976/1977,Exp. 489—506,no. 677(1978)

1977/1978,Exp. 507—524,no. 710(1979)

1978/1979,Exp. 525—542,no. 770(1980)

1979/1980,Exp. 543—560,no. 842(1981)

1980/1981,Exp. 561—578,no. 901(1981)

以上年度的报告由 Springer Verlag 出版,收入 Lecture Notes of Mathematics 丛书,no. 为其编号,括号内为其出版年份。

1981/1982 年度以后的报告发表在期刊 Astérisque 上,no. 表其总期数,括号内为出版年份。

1981/1982,Exp. 579—596,no. 92—93(1982)

1982/1983,Exp. 597—614,no. 105—106(1983)

1983/1984,Exp. 615—632,no. 121—222(1985)

1984/1985,Exp. 633—650,no. 133—134(1986)

1985/1986,Exp. 651—668,no. 145—146(1987)

1986/1987,Exp. 669—685,no. 152—153(1987)

1987/1988,Exp. 686—699,no. 161—162(1988)

1988/1989,Exp. 700—714,no. 177—178(1989)

1989/1990,Exp. 715—729,no. 189—190(1990)

1990/1991,Exp. 730—744,no. 201—202—203(1991)

1991/1992,Exp. 745—759,no. 206(1992)

1992/1993,Exp. 760—774,no. 216(1993)

1993/1994,Exp. 775—789,no. 227(1995)

1994/1995,Exp. 790—804,no. 237(1996)

1995/1996,Exp. 805—819,no. 241(1997)

1996/1997,Exp. 820—834,no. 245(1997)

1997/1998,Exp. 835—849,no. 252(1998)

1998/1999,Exp. 850—864,no. 266(2000)

1999/2000,Exp. 865—879,no. 276(2002)

2000/2001,Exp. 880—893,no. 282(2002)

2001/2002,Exp. 894—908,no. 290(2003)

2002/2003,Exp. 909—923,no. 294(2004)

2003/2004,Exp. 924—937,no. 299(2005)

2004/2005,Exp. 938—951,no. 307(2006)

2005/2006,Exp. 952—966,no. 311(2007)

2006/2007,Exp. 967—981,no. 317(2008)

2007/2008,Exp. 982—996,no. 326(2009)

2008/2009,Exp. 997—1011,no. 332(2010)

2009/2010,Exp. 1012—1026,no. 399(2011)

2010/2011,Exp. 1027—1042,no. 348(2012)

2011/2012,Exp. 1043—1058,no. 352(2013)

数学高端科普出版书目

数学家思想文库	
书　　名	作　　者
创造自主的数学研究	华罗庚著;李文林编订
做好的数学	陈省身著;张奠宙,王善平编
埃尔朗根纲领——关于现代几何学研究的比较考察	[德]F.克莱因著;何绍庚,郭书春译
我是怎么成为数学家的	[俄]柯尔莫戈洛夫著;姚芳,刘岩瑜,吴帆编译
诗魂数学家的沉思——赫尔曼·外尔论数学文化	[德]赫尔曼·外尔著;袁向东等编译
数学问题——希尔伯特在1900年国际数学家大会上的演讲	[德]D.希尔伯特著;李文林,袁向东编译
数学在科学和社会中的作用	[美]冯·诺伊曼著;程钊,王丽霞,杨静编译
一个数学家的辩白	[英]G.H.哈代著;李文林,戴宗铎,高嵘编译
数学的统一性——阿蒂亚的数学观	[英]M.F.阿蒂亚著;袁向东等编译
数学的建筑	[法]布尔巴基著;胡作玄编译
数学科学文化理念传播丛书·第一辑	
书　　名	作　　者
数学的本性	[美]莫里兹编著;朱剑英编译
无穷的玩艺——数学的探索与旅行	[匈]罗兹·佩特著;朱梧槚,袁相碗,郑毓信译
康托尔的无穷的数学和哲学	[美]周·道本著;郑毓信,刘晓力编译
数学领域中的发明心理学	[法]阿达玛著;陈植荫,肖奚安译
混沌与均衡纵横谈	梁美灵,王则柯著
数学方法溯源	欧阳绛著

书　名	作　者
数学中的美学方法	徐本顺,殷启正著
中国古代数学思想	孙宏安著
数学证明是怎样的一项数学活动?	萧文强著
数学中的矛盾转换法	徐利治,郑毓信著
数学与智力游戏	倪进,朱明书著
化归与归纳・类比・联想	史久一,朱梧槚著

数学科学文化理念传播丛书・第二辑

书　名	作　者
数学与教育	丁石孙,张祖贵著
数学与文化	齐民友著
数学与思维	徐利治,王前著
数学与经济	史树中著
数学与创造	张楚廷著
数学与哲学	张景中著
数学与社会	胡作玄著

走向数学丛书

书　名	作　者
有限域及其应用	冯克勤,廖群英著
凸性	史树中著
同伦方法纵横谈	王则柯著
绳圈的数学	姜伯驹著
拉姆塞理论——入门和故事	李乔,李雨生著
复数、复函数及其应用	张顺燕著
数学模型选谈	华罗庚,王元著
极小曲面	陈维桓著
波利亚计数定理	萧文强著
椭圆曲线	颜松远著